生活虐我千百遍
我待生活如初恋

**生活虐我千百遍
我待生活如初恋**

伤得再大,痛得再深,
我对生活仍如此认真。
摔得再惨,滑得再远,
爬起来,继续走,
前方,就是终点,
也是成功的起点。

生活虐我千百遍
我待生活如初恋

李世化 ◎ 编著

企业管理出版社

图书在版编目（CIP）数据

生活虐我千百遍，我待生活如初恋 / 李世化编著 . -- 北京：企业管理出版社，2016.7
ISBN 978-7-5164-1207-7

Ⅰ.①生… Ⅱ.①李… Ⅲ.①成功心理 – 通俗读物 Ⅳ.① B848.4-49

中国版本图书馆 CIP 数据核字 (2016) 第 020804 号

书　　名：	生活虐我千百遍，我待生活如初恋
作　　者：	李世化
责任编辑：	尤颖　田天
书　　号：	ISBN 978-7-5164-1207-7
出版发行：	企业管理出版社
地　　址：	北京市海淀区紫竹院南路 17 号　　邮编 :100048
网　　址：	http://www.emph.cn
电　　话：	总编室 (010) 68701719　发行部 (010) 68701816　编辑部 (010) 68701638
电子邮箱：	80147@sina.com
印　　刷：	北京鹏润伟业印刷有限公司
经　　销：	新华书店
规　　格：	170 毫米 ×240 毫米　　16 开本　　17 印张　　230 千字
版　　次：	2016 年 7 月第 1 版　　2016 年 7 月第 1 次印刷
定　　价：	38.00 元

版权所有　翻印必究　·　印装有误　负责调换

PREFACE 前言

　　生活对我们而言，总是以千姿百态的形式存在着，每个下一刻都让我们难以捉摸，无论是谁，都预料不到下一刻的自己会在哪里，发生什么。由于生活变化得太快，我们总是寻不见它的踪迹，所以有些时候，我们总会产生失落的感觉，觉得自己好似被生活玩弄在鼓掌之中，想要逃离，却发现无能为力，于是就开始抱怨上帝给自己的不如别人多。

　　但当我们在抱怨上帝的不公，抱怨自己周围的一切都不够美好时，有没有想过自己的生活也成了别人眼中的艳羡？也许，这个问题我们从没想过，因为若真的想过这些，我们就不会抱怨了。的确，生活带给了我们数不清的酸甜苦辣咸，但正是因为这样，我们的生活才变得丰富多彩起来。我们有过欢笑，也有过泪水，欢笑和泪水的交织才让我们的生活不再单调。如果说欢笑是我们的幸福，是我们的享受，那么泪水就是我们的磨砺，是我们的成长。欢笑和泪水都是生活必不可少的组成部分，少了哪一样，我们的生命都不会完整。

　　有很多人都说，生活是无情的。这一点，我们不能去否认，因为在磨砺和成长的过程中，我们感受到了太多的艰苦和心酸。我们会失落、会悲痛，甚至心灰意冷，但那又怎么样？正因为如此，我们才学会了坚强勇敢和自强不息。

　　生活带给我们所有的痛，其实都是一笔宝贵的财富，我们正是因为接受了它们的洗礼，才成长为如今的模样，才知道自己到底想要怎样的人生。我们不再像过去那般胆怯、止步不前，而是勇敢地朝远方奔赴，义无反顾地追逐自己的梦想。

　　我们要记得：即使生活会有成千上万个理由让我们哭，那也会有同样多的理由让我们笑。如果我们凡事乐观面对，那么，无论怎样残酷的打击，都可以转化为我们成长的资源。微笑面对生活、面对明天，无论遇到什么样的艰难困苦，都不要低下自己的头颅。

　　现今时代的发展节奏太快，生活的压力、生存的压力让我们疲惫不堪，可正是因为如此，我们才要微笑，才要乐观。人生是一场马拉松，有些人熬不下去了，选择提前退场；有些人坚持下来了，就拥有了成功。

　　我们想做前者还是后者呢？如果想做后者，就快快除掉身上的负能量，积极起来吧！岁月是一个魔法师，它会让我们所有不满都消逝在岁月的长河中，再也寻不回，再也看不见。让我们做一个积极向上的人，无论生活狂虐我们多少遍，我们都要视它为初恋；无论经历多少不美好，依然要相信美好。唯有如此，才会拥有美好的生活。

编者

CONTENTS 目录

第 / 一 / 章

忘记生活中的那些不美好　　　　　　　　　　/ 1

　　世界上本就没有什么完美　　　　　　　　/ 2
　　心有多大，世界就有多大　　　　　　　　/ 6
　　丑小鸭也要为自己鼓掌　　　　　　　　　/ 10
　　谢谢你，那些批评我的人　　　　　　　　/ 14
　　告别生气与烦恼　　　　　　　　　　　　/ 18
　　用婴儿般的眼光看世界　　　　　　　　　/ 22
　　让自己的心柔软一些　　　　　　　　　　/ 26
　　你，还舍不得那些糖果吗　　　　　　　　/ 30

第 / 二 / 章

在泥泞的道路上，奔赴你的梦想　　　　　　/ 35

　　有梦的人生一片晴空　　　　　　　　　　/ 36
　　用奋斗的汗水把括号填满　　　　　　　　/ 40
　　梦想是一遍遍的重生　　　　　　　　　　/ 44

行动吧，拿出勇气闯天涯 / 48

咬紧牙关，一切都会好起来 / 51

让平凡的生活焕发出不平凡的光彩 / 55

搭乘"机遇"的快车 / 58

你就是自己的幸运星 / 62

第/三/章
你不勇敢，没人替你坚强 / 65

勇敢面对，发现生活另一种美 / 66

只要你拥有梦想 / 70

你的第一天职，掌控好了吗 / 74

不要害怕出身的贫穷 / 78

荣辱淡然，处变不惊 / 81

蛰伏中等待——静候花开 / 85

记住：N+1次后就是成功 / 89

困难其实是个过滤器 / 93

第/四/章
在爱的世界心碎，在爱的世界成长 / 97

祝福你，我曾经的爱人 / 98

别让真爱败给斤斤计较 / 102

爱情，向左，还是向右 / 106

放开手，让他走 / 110

别像泥人一般不分你我 / 114

爱要看开一点 / 118

爱情很贵，贵在相知 / 122

你若不离不弃，我必生死相依 / 125

第 / 五 / 章

人生，永远没有太晚的开始 / 129

  认清自我方能绽放美丽 / 130
  你有正视过自己吗 / 134
  "思考"是成功的法宝 / 137
  花时间"填饱"我们的大脑 / 140
  我们的祖先都是白手起家的 / 144
  没有人能随随便便成功 / 148
  每天多做一点，就能更早看到黎明 / 152
  成功的人无一不是利用时间的能手 / 156

第 / 六 / 章

唯有不愿将就的人，才会拥有成功 / 161

  你穷，因为你没有野心 / 162
  拖延是种病，得治 / 166
  进取，进取，再进取 / 170
  你是胆小鬼吗 / 174
  看吧，勤奋多么了不得 / 178
  不想落伍，就得对自己进行改造 / 182
  借口多了，就只能白日做梦 / 186
  别活得像一个失败者 / 190

第 / 七 / 章

苦中寻乐，寻找你想要的生活 / 193

  别忘了，生活是用来改变的 / 194

请让"乐观"永相随 / 197
亲爱的，别忘了微笑的魅力 / 200
珍惜上帝送给你的礼物 / 203
寻找工作中的乐趣 / 207
别把压力太当一回事儿 / 211
扬起头去看世界 / 215
破碎的美，才值得生命去回味 / 219
心愿 / 222

第/八/章
在喧嚣的世界中寻找一丝安宁 / 227

说真的，别把生活过复杂了 / 228
最好的风景就在你身边 / 232
你能做的，只有把握当下的时光 / 236
怀揣童心，让我们活得像小孩 / 239
享受生活，享受快乐 / 243
每时每刻都要有个好心情 / 247
别让坏情绪"传染"了你 / 251
爱生活，就要懂得感受大自然的美 / 255
学会享受清幽闲雅的孤独 / 258

第一章

忘记生活中的那些不美好

人生在世，不可能事事都一帆风顺，或多或少会遭遇一些不美好的事。这个时候，我们就要学会调整自己的心情，学会用宽阔的胸怀容纳这些不美好。唯有如此，我们的眼前才会是一片晴空。

世界上本就没有什么完美

凡是世人，皆爱完美，这是人性美好的体现，也是改革和提高的动力。但是，当完美成为一个标尺，它就不再是激发你前进的力量，而成了你迈上更高台阶的障碍，成了你奋发向上的挡路石。因为，完美只是一种妄念，我们可以不断地接近完美，却不能彻底地实现真正意义上的完美。

在世界上，其实根本就不存在完美无缺的人与事。有一句话说得好：人无完人，金无足赤。完美有时其实就是一种绝对的态度，当我们朝着绝对这条路一路前行不肯回头时，其实就已经在误区中越陷越深了。但是在现实生活中，无数的人却不止一次地犯着同样的错——过分追求完美。他们常常在生活中寻找完美之人，不仅是对自己的各个方面要求做到完美，也要求别人是完美之人。正是由于陷入这种误区，使得很多人错失良机，失去友情、爱情，失去自我，以至于改变了对世界、生活的看法。这也就是说，当我们选择完美作为做事标准的时候，我们就选择了失败和痛苦。

据传，有一个叫伊凡的青年，读了契诃夫"要是已经活过来的那段人生，只是个草稿，有一次誊写，该有多好"这段话，十分神会，他打了份报告递给上帝，请求在他的身上搞个试点。上帝沉默了一会儿，看在契诃夫的名望和伊凡的执着的份儿上，决定让伊凡在寻找伴侣的事上试一试。到了结婚年龄，伊凡碰上了一位绝顶漂亮的姑娘，姑娘也倾心于他。伊凡感到很理想，很快结成夫妻。不久，伊凡发觉姑娘虽然很漂亮，可她不会说话，办起事来也笨手笨脚，两人心灵无法沟通。于是，他把第一次婚姻作为草稿抹了。

伊凡第二个婚姻对象，除了绝顶漂亮以外，又加上了绝顶能干和绝顶聪明。可是，也没过多久，伊凡发现这个女人脾气很坏，个性极强。聪明成了她讽刺伊凡的本钱，能干成了她捉弄伊凡的手段。在一起他不是她的丈夫，倒像她的牛马、她的器具。伊凡无法忍受这种折磨，于是他祈求上帝，请给他第三次机会，把第二次婚姻也当作草稿抹掉。上帝对他笑了笑，也允了。

伊凡第三次成婚时，他的妻子的优点，又加上了脾气特好这一条，婚后两人恩爱有加，都很满意。半年下来，不料娇妻患上重病，卧床不起，一张病态黄脸很快抹去了年轻和漂亮，能干如水中之月，聪明也毫无用处，只剩下毫无魅力可言的好脾气。

——摘自《学会接受不完美》

这个故事虽然是虚构的，但类似的现象在生活中却很常见。很多人就像伊凡，对自己的婚姻总感到不满意，总想有一次修改和誊写的机会。没有能力或没办法修改的人，整天为此垂头丧气、闷闷不乐；而可以修改的人，则纷纷尝试着去修改，有些人甚至一而再、再而三地修改，犹如故事中的伊凡。可是到头来，他还是不免次次都遗憾得要命。

其实，只有勇敢地接受不完美，才会一步步靠近完美。对于生活中的缺憾，我们每个人都应该选择用一颗平常心来对待。要知道，完美是一种妄念，在不可知的领域追求完美反而会丧失生命的本真。正如一位哲人所说："一味地追求完美，只会让自己离生活越来越远；事事物物过于追求完美，就变成了一种负担。"

一个缺了一块的圆，想找回缺损的部分。于是，它努力地向前滚动。由于它的缺损，所以前进得很慢，总是走一步停一停的。也正是由于它的慢慢滚动，才使它得以从容找寻和冷静思考，顺便在停下来的当儿，欣赏沿途的风景，倒也自在快乐。

终于，有一天，它找到了缺失的那一块，它把自己补成了一个完整的圆。它想：现在，我可以停下来歇歇脚，喘口气了。可是，它却身不由己，在一种莫名的强大力量的牵引下，以超出原来十几倍甚至几十倍的速度向前滚动，从此没有片刻停留。

这个时候，它忽然怀念起自己曾经缺了一块时的日子，但是一切都已经回不去了。它只能像上紧发条的陀螺一般，不停地转呀，转呀，视线里一片混沌、模糊……

——摘自《失落的一角》

人何尝不是如此呢？青涩的时候，我们渴望成熟；贫穷的时候，我们渴望富有；无知的时候，我们渴望渊博，卑微的时候，我们渴望尊贵……我们曾经有那么多的向往与欲求，但往往当我们"功成名就"之后，很多人却再也不能控制自己，使自己停留下来——停下来静静地思考，停下来慢慢地品味，停下来倾听内心的声音，停下来梳理飞倦的羽翼，停下来享受一杯清茶，停下来欣赏一树花开……其实，追求完美千万不要迷失了自己，这样才是我们渴望完美的初衷。

追求完美虽然是一种美好的精神向往，但在现实生活中，过于苛求常常会使人陷入被动的局面。追求完美的人在与人合作时会百般挑剔，容易伤害别人的自尊心，挫伤他人的积极性；追求完美的人总会有高不可攀的目标，曲高和寡，难以获得别人的支持，自己也会因此陷入孤独的境地；追求完美的人在某些事情未完成时，还会产生相当强烈的焦虑感，一旦达不到，就深深自责，痛悔不已，无法自拔……追求完美的人都认为自己是对生活负责，殊不知，完美就如同一个陷阱，是一种主观臆想的无底洞，它没有标准，无法丈量，只会让人徒增烦恼。因此，追求完美大可不必。

花无百日香，人无百日好；月有阴晴圆缺，人有悲欢离合。自然规律和社会发展规律都不会因为谁发生改变，我们想要感受生活的快乐，就必须接受生活中的不完美，选择用一种平和、达观的心态来对待这些不完美。正是因为看过落花的悲凉，才能显现花开的娇艳；正是因为有月缺的遗憾，我们才更期待月圆的美好；正是因为享受着生活的幸福，我们才需要改变生活中的不幸，让生活变得更加幸福。

杭州灵隐寺有一副对联作得妙："一生哪有多如意，万事但求半称心。"这两句话道出人生的大道理：人在一生中遇到的不如意之事很多，若凡事都追求十全十美无异于自找麻烦。因此，必须调整好自己的心态，学会欣赏不完美中的美。

一位哲人也说过："凡事做到九分半就已差不多了，该适可而止。非要百分之百，或者过了头，那么保证你适得其反。"

每一个人的生命旅程都不可能完美，错过的风景会很多很多，我们没有精力和时间去一一回头欣赏，为了这处的美景停留也许会错过更美的景色。世界上本就没有什么完美，我们想开了，想透了，懂得接受了，就会发现原来生活中处处都是美景。

心有多大，世界就有多大

小时候，我们常会问：这个世界是什么样子的啊？其实，这样的问题并没有标准答案。因为世界在我们每个人的心中，我们的心有多大，那么这个世界就有多大。若是我们喜欢用狭隘的心去审视这个世界，那么这个世界就很小；若是我们用博大的心去审视这个世界，那么这个世界就很大。由此可见，若是我们希望能拥有一片广袤无垠的天地，那么首先得拥有一颗博大的心。否则，我们看到的，永远都只是不美好。

在生活中，人都有一个共性，那就是容易犯苛求别人的毛病。虽然很容易原谅自己的错误，却对别人的无心之过不依不饶。因为自己遇到了不公平的事，受了伤害，就反过来去伤害别人。于是降低自己的身份，把自己和那些自己鄙夷痛恨的人去做比较，用那些自己曾经不屑的手段去伤害别人……从而日渐远离了最初的善良。

有人曾形象地比喻，人们肩上挑着用来装过失的两个箩筐，前面的箩筐装着别人的过失，后面的箩筐装着自己的过失。于是，一旦与自己相处的人有了过失，人们往往能够迅速发现；当自己有了过失，由于不轻易回头，过失就在自己的不知不觉中被忽略了，即使偶尔转过头看一下，也是视而不见，或者很轻而易举地原谅了自己。

金无足赤，人无完人。每个人在一生中要面对很多事情，任何人都不可能把所有的事情都做得很完美。也许正因为存在着这种思想与观念，当自己有了过失后便会自我安慰："人非圣贤，孰能无过？"认为偶尔犯一次错是很正常的事，然后就会把自己的过失抛诸脑后，不去想犯下的过失需不需要弥补、怎样才能弥补。而当别人指出自己的过失时，内心便久久不能平静，总认为别人对自己有成见，因此对别人耿耿于怀。其实，犯错并不可怕。关键是有错要改，不犯同样的错。错了就错了，承认错误并改正错误生活就会变得更美好。

耕柱是一代宗师墨子的得意门生，不过，他老是挨墨子的责骂。有一次，墨子又责备了耕柱，耕柱觉得自己非常委屈，因为在墨子的许多门生之中，耕柱被公认是最优秀的，但他却偏偏常遭到墨子的批评，这让他觉得很没有面子。

一天，耕柱愤愤不平地问墨子："老师，难道在这么多门生中，我竟是如此差劲，以至于要时常遭您老人家责骂吗？"

墨子听后反问道："假设我现在要上太行山，依你之见，我应该要用良马来拉车，还是用老牛来拖车？"

耕柱回答说："再笨的人也知道要用良马来拉车。"

墨子又问："那么，为什么不用老牛呢？"

耕柱回答说："理由非常简单，因为良马足以担负重任，值得驱遣。"

墨子说："你答得一点也没有错。我之所以时常责骂你，也是因为你能够担负重任，值得我一再教导与匡正。"

听了墨子这番话，耕柱立刻明白了老师的良苦用心，从此再也不以遭受批评为耻，而是更加发奋努力，终于成为墨子的继承人。

——摘自《墨子怒耕柱子》

"天将降大任于斯人也，必先苦其心志，劳其筋骨，饿其体肤，空乏其身"，墨子之所以不断责骂和鞭策耕柱，是看到了他的能力和才华，最终能放心地委以重任。

年少轻狂时，我们可能犯很多愚蠢的错误。因此我们必须不断反省自己,并且不断改正错误,一步一步地完善自己。只有这样,我们才能拥有真正不卑不亢地坦然面对生活的人生态度。

如果你把身边的人都看作是魔鬼,你就生活在地狱;如果你把身边的人都当成天使,你就生活在天堂。正所谓"一念成魔,一念成佛"。是非黑白的界限并不是那么绝对清晰的,很多事情,要看自己从哪个角度去看,怎么去理解。总之,人活着,内心的平静、舒坦、快乐最重要,即便你可以戴着面具,来伪装自己,蒙骗所有的人,但你却永远无法欺骗自己的心。你是不是真正开心,只有你自己心里最清楚。如果你内心不快乐,那么一切的强悍之举,都只是虚张声势而已。

正因为如此,我们需要用一颗宽容的心来拥抱这个世界。所以,当你遇到形形色色的不公正待遇无能为力时,切忌和他们"兵戎"相见,最好的做法是宽容他们,不要让这些负面情绪持续影响你的心境。学会适时地提醒自己:"他的计较是因为他的心只装得下眼前,而我的心应该装得下过去、现在和未来。"这样想来,你的内心就少了许多怨恨,多了许多宽恕,而你所拥有的世界就会越来越宽广。

若十年后,当我们回头望望走过的路,你会发现,很多当初让我们觉得天都快要塌了的困难,现在看来只不过是一些鸡毛蒜皮的小事;很多曾经让人感觉窒息的指责,现在却只觉得可笑;很多当时令人痛苦万分的事,现在也都云淡风轻了。不都过去了吗?再痛苦、再不幸也只是一个过程,把眼睛看得远一些,把心灵放大一些,不要让那些不快停留在我们眼前和心中。

有句禅语说:"菩提本无树,明镜亦非台,本来无一物,何处惹尘埃?"

不要因为眼前的一些事过于执着和计较,那会把我们的心变小了。心小了,怎能装得下大千世界呢?

苏东坡与佛印禅师是很好的朋友。他们经常在一起参禅悟道。在参禅的过程中,佛印很老实厚道,苏东坡却鬼灵多怪,老占他的便宜。

有一天，东坡到金山寺和佛印一起坐禅。一会儿工夫，苏东坡睁开眼问佛印："你看我坐禅的样子像什么？"佛印看了看，频频点头称赞："嗯！你像一尊高贵的佛。"苏东坡暗自窃喜。佛印也反问道："那你看我像什么呢？"苏东坡说："我看你简直像一堆牛粪。"佛印微微一笑，没有搭理他。

回到家中，苏东坡得意地告诉他的妹妹："今天佛印被我好好地修理了一番。"当苏小妹听了事情原委后，反而笑了出来。苏东坡好奇地问道："有什么好笑的？""人家佛印和尚心中只有佛，所以看你如佛；而你心中有粪，所以看人如粪，其实输的是你呀！"苏东坡这才恍然大悟。

——摘自《苏东坡与佛印的故事》

每个人所看见的外在世界，无非是心灵的一种折射。佛印和苏东坡之所以看到不同的对方，只因为心中的境界不同。你所看见的，必定是你心中所有的。心灵怎样，表现出来的状态就会怎样。

有时，我们会抱怨世界不够大，舞台也不够大，无法容纳我们去好好施展才华。其实，世界和舞台的大小都取决于我们的心，有一句广告词说得好"心有多大，舞台就有多大"。只有做到心胸宽广、眼界高远，才能取得最大的成功。

什么样的心态产生什么样的命运，心态决定命运。只有拥有开阔的心胸，开放的视野，我们才能抓住更多的机会。所以，我们没有必要总抓着生活中一些小事不放手，将心情停留在悲伤的情绪里；也没有必要因为周围人的质疑而不敢心存高远。我们应该让自己保持一种积极健康的心态，去做自己想做的事情。

用开阔的心胸容人容事，是一种精神、一种品质、一种境界。这种品质对每个人都十分重要，为人处世需要这种精神品质。我们一定要记住，宽容别人吧！因为心有多大，世界就会有多大。

丑小鸭也要为自己鼓掌

在这世上，我们每个人都应该先学会欣赏自己。不知道大家有没有听说过这样一种观点："发现你自己，你就是你。记住，地球上没有和你一样的人……在这个世界上，你是一种独特的存在。你只能以自己的方式歌唱，只能以自己的方式绘画。你是你的经验、你的环境、你的遗传造就的你。不论好坏与否，你只能耕耘自己的小园地；不论好坏与否，你只能在生命的乐章中奏出自己的音符。"

在这世上，我们每个人都是独一无二的。这个独特的"我"，既有优点，也有不足。一个人只有充分地接纳自我，懂得欣赏自己，才能有良好的自我感觉，才能自信地与人交往，出色地发挥自己的才能和潜力。假如一个人不懂得欣赏自己、接纳自己，老是以怀疑的、否定的态度看待自己，就有可能限制甚至扼杀自己的生命力。事实上，我们的身边因为自卑自怜，自暴自弃等心理原因而造成的自寻短见的事例已经不少了，并且还在不断地出现。这不仅给家人造成痛苦，也给社会造成损失。当然，人都死了更没法去谈怎样赢得别人的欣赏和肯定了。

只有欣赏自己的人，才可以让别人承认自己，欣赏自己。一个人的自信源于对自己一往情深地欣赏，只有充分接纳自己，才能自信地投入社会的怀抱，充分发挥自己的潜能，成就自己辉煌的人生。

在我们身边，有很多女孩子都觉得自己长得不好看，特别自卑，不敢交朋友，怕别人讨厌，怕别人看不起。越是这样，做事便越畏首畏尾。看不起自己，造成的结果是封闭心灵，失去朋友，孤独，自闭，失去很多好工作与成长的机会。与其如此，我们为什么不能学会欣赏不完美的自己呢？

有两姐妹，分别叫春曼、心曼，出生于黑龙江的农村。两姐妹从小身体残疾。无法行走，只能坐在轮椅上。医生说，她们只能活到30岁。她俩没上过一天学。但是，她们自学认字，后来又经营书报亭，再后来，她们开通了春曼心曼生命关怀热线，出版了她们的第一本书——《生命从明天开始》。她们用稿费还清了家里的外债，之后又出版了第二本小说《如果我能站起来吻你》……她们从残疾人成了名人。

现在，两姐妹已经走过了三十多个春秋，没有因为医生说她们只能活到30岁而悲观，也没有因为自己身体残疾而看不起自己，她们依然快乐地活着。她们还喜欢给自己化妆，因为那样会使自己看起来更漂亮。

姐妹俩最大的心愿是做主持人，她们不怕别人笑话自己是痴人说梦。2009年6月19日，北京卫视圆了她们两姐妹的梦。

——摘自《生命从明天开始》

看到电视中两个女孩子开朗的笑容，不由得让人感慨万分。那些身体健康的女孩子，有什么理由看不起自己呢？

无论自己美还是丑，高大还是矮小，我们都要学会欣赏自己。欣赏自己并不是孤芳自赏，也不是盲目地唯我独尊和狂傲不羁，而是一个人能够勇敢地接受各种挑战的动力源。

对于"大自然最出色的作品是什么"这样的问题，我们也许会有很多答案。但我们永远也不要忽略了自己就是大自然最出色的作品。一个人不应该因为自己的默默无闻而烦恼自卑。看那春寒料峭中的冰凌花，虽然它从来不被人像牡丹那样地宠爱，但是它仍旧义无反顾地迎着寒风倔强地绽放。天底下的至香至色，只愿与清寒相伴。"人不知而不愠，不亦君子乎!"不卑不亢,落落大方,才是一个人应有的风格。平凡是一种美,是一种永恒的美,只要活得有滋味,就不必太在意是否平凡。

只要我们做了自己该做的事,走了自己该走的路,就会拥有别人所没有的东西,就会活出自己的风采。不会欣赏自己的人,总是看不到自己的长处,所以总是闷闷不乐。

一位挑水夫,有两个水桶,分别吊在扁担的两头,其中一个桶子有裂缝,另一个则完好无损。在每趟长途的挑运之后,完好无缺的桶子,总是能将满满一桶水从溪边送到主人家中,但是有裂缝的桶子到达主人家时,里面却只剩下半桶水。

两年来,挑水夫就这样每天挑一桶半的水到主人家。当然,好桶子对自己能够送满整桶水感到很自豪。破桶子呢?对于自己的缺陷则非常羞愧,它为只能负起责任的一半感到非常难过。

饱尝了两年失败的苦楚,破桶子终于忍不住,在小溪旁对挑水夫说:"我很惭愧,必须向你道歉。""为什么呢?"挑水夫问道,"你为什么觉得惭愧?""过去两年,因为水从我这边一路地漏,我只能送半桶水到你主人家,我的缺陷,使你做了全部的工作,却只收到一半的成果。"破桶子说。挑水夫替破桶子感到难过,他面带笑容地说:"在我们回主人家的路上,你要留意路旁盛开的花朵。"

当他们再次走在山坡上时,破桶子眼前一亮,因为它看到缤纷的花朵开满路的一旁,沐浴在温暖的阳光之下,这景象使它开心了很多!但是,走到小路的尽头,它又难受了,因为一半的水又在路上漏掉了!破桶子再次向挑水夫道歉。挑水夫温和地说:"你有没有注意到小路两旁,只有你的那一边有花,好桶子的那一边却没有开花呢?我明白你有缺陷,因此我善加利用,在你那边的路旁撒了花种,每回我从溪边来,你就替我一路浇了花!两年来,这些美丽的花朵装饰了主人的餐桌。如果你不是这个样子,主人的桌上也没有这么好看的花朵了!这都是你的功劳呀!"

——摘自《缺陷也能创造美》

破桶之所以自责，就是只看到了自己的不足之处，没有发现自己的缺点有时候也是可以转化为优势的，就看你站在谁的立场看问题了。在现实生活中，即使在同样的境遇，同样的环境中成长生活的人，也总是有人觉得幸福，有人深感不幸。当两人同时向窗外看，一个看到了天上的星星，一个看到了地上的泥土，这就代表着两种截然不同的生活态度。所以幸福不幸福，快乐不快乐，其实都是各自看法的不同而已。

　　大千世界，芸芸众生，人们总是习惯于欣赏赞叹别人，却很少有人能真正欣赏自己。一定要学会自己欣赏自己，多在自己身上花一些时间，才会发现属于自己的美。

　　时间在不停地走着，"从少年走到青年，从青年走到中年、老年……"当我们有一天蓦然回首，就会惊喜地发现，自己走过的地方也都是片片怡人的风景。只要用心欣赏，我们就能发现自己其实真的曾经美丽过、辉煌过。

　　感谢神奇的大自然造就了最独特的我们，其实我们自己就是这世界上的一件独一无二的艺术品。无论我们有着怎样的不好与缺陷，我们都要学会欣赏自己，唯有如此，我们才能不断进步，不断成长，而不是陷在自卑的沼泽。就算我们是丑小鸭，也请相信总有一天，我们会变成白天鹅，但这需要一个成长的过程，在这个成长的过程中，千万别忘了为自己多多鼓掌！

谢谢你，那些批评我的人

提起"批评"二字，想必每个人都要撇嘴、摇头，因为它是每一个人都不想遇到的。但那些成就了大事业的人们，往往都经历过各种各样的批评。这么说，其实并不是在宣扬经历过批评是一个人成功的必要元素，只是想以这样话语来告诉大家：如果你在生活中不幸遭遇了批评，那么请不要抬不起头，要乐观地面对它，也许这可以锻炼你的韧性，让你成为一个强者。

批评无疑是人生的一门选修课，心胸狭窄者把它演绎成包袱，而豁达乐观者则会把它看作是"激励"的别名。感恩批评，从批评中提炼出自身的短处与缺陷，用批评激励完善自我。

格林尼亚生于法国西北的瑟堡，父亲是一家造船厂的老板，整天忙于发财，对子女溺爱有余，管教不足。格林尼亚从小游手好闲，整天浪迹街头，不把学习放在心上，成为一个名副其实的公子哥。由于长相英俊，花钱出手大方，格林尼亚在情场上春风得意，总能讨得异性的欢心，把一个个漂亮的姑娘吸引到身边。

然而在这个世界上，拥有金钱并不意味着就拥有一切，相貌堂堂也未必就能赢得尊重。在一次午宴上，格林尼亚走到样貌出众的波多丽面前攀谈。与以往每次都获得美人心相反的是，他不但没有赢得波多丽的欢心，反而遭到了一番奚落："请你走远一点，我就讨厌像你这样轻浮的公子哥在眼前晃荡！"

一句充满蔑视的话，如同一把匕首捅在心头。他长期以来呈休眠状态的羞耻心一下子苏醒过来。格林尼亚陡然意识到：家庭的富有并非个人的荣耀，要赢得真正的尊重，有赖于用努力去争取。排遣着无边的懊恼和悔恨，他甩掉一身自以为潇洒的轻浮，打起精神走上一条有理想有追求的路。

这年格林尼亚21岁，为了摆脱家庭溺爱带来的松懈，他决定换一个生活的环境，于是留下一封书信表明心迹说："请不要打听我的下落，相信通过刻苦学习，我一定会干出些成就来的。"

格林尼亚从瑟堡来到里昂，两年修完耽误的全部课程，取得里昂大学插班就读的资格。重新投入校园的生活后，他倍加珍视来之不易的机会，引起了化学权威巴尔的注意。在名师的指点下，他进行了一系列的实验，很快就发明了格氏试剂，被学校破格授予博士学位。这一消息轰动了法国，也让格林尼亚的父亲备感欣慰。

又付出4年的辛劳，格林尼亚取得了卓越的成绩，1912年被授予诺贝尔化学奖。波多丽得知这一喜讯，在病榻上提笔给他写了一封贺信："我永远敬爱你！"就这么一句话，让格林尼亚激动万分。他永远感激这位美女当初对他的批评。

——摘自《感谢羞辱》

波多丽的批评是格林尼亚成功的动力源之一。对于这样的批评，我们没有理由不去感恩！在这个世界上，很多成功人士奋发图强的最初动因，都只是为了给批评自己的人一点"打击"，为自己争口气。

有时候批评给人的刺激是巨大的，它足以支撑被批评者扫平一个又一个障碍，渡过一个又一个难关。甚至它还可以促使被批评者将积极进取变成一种习惯，并将这种习惯逐渐内化成为了远大的理想和抱负而拼搏的精神。凭借着这种精神，人们最终取得了成功。不过，他们在成功时，都很感激那些曾经批评自己的人,是他们的批评让自己决心争气,给了自己拼搏的动力。

20岁以前的固特异,志趣既不在经商,也不在发明,而是想当一个传道士。后来由于家庭经济情况不佳,他的这一心愿没有能够实现。

固特异辍学之后,极不情愿地帮着父亲开了一家五金店。后来这家小店在经济不景气的洪流中被淹没,只剩下一笔巨额债务。在当时的债主中,有一个制造小五金用具的商人叫柯斯瓦,他给予固特异的刺激最为深刻,他讨债的手段也最为恶毒。

事情的经过是这样的:柯斯瓦有一天去讨债,正好遇上固特异的父亲病得很厉害。柯斯瓦以为他是装病躲债,所以说的话越发难听了:"别说是你父亲病了,即使他马上断了气你们今天也得还钱。"

"先生,"固特异哀求着说,"我说过,债务我一定想办法还,但请你给我一个期限,否则,逼死我们也没用。"

"期限?"柯斯瓦冷笑着说,"我记得至少缓过三次期限了。再说,今天不就是上次说的限期吗?"

"可是,家父病了,弄了一点点钱,全部看了医生。"固特异解释道。

"什么病了,分明是耍赖!"柯斯瓦厉声说,"我告诉你们,对付别人你们可以来这一套,我不吃这个,叫你父亲出来,我今天非给他点颜色看看不可!"

"家父真的病得很厉害,"固特异说,"他两天没有下床了。"

"我不管他能不能动,他即使爬也要给我爬出来。"柯斯瓦铁青着脸说,"他当初赊我的东西时,说的话比蜜还甜,现在想逃避不见面,办不到!"说着,他的火气更大了,抛下固特异就向屋里冲去,想进屋把老固特异拖出来。固特异一看心头大急,蹿上去想把他拦住。可柯斯瓦不分青红皂白,三拳两脚就把他打倒在地。柯斯瓦觉得这样还不足以泄愤,硬逼着固特异爬进屋里去。

这件事，并没有使刚刚二十五六岁，正值血气方刚的固特异在怨恨中过活，他发誓要从事一项能赚大钱的职业，给自己和父亲争口气。从那之后，他开始不断努力，在多年之后，他借了一笔钱设立了一个专门研究橡胶产品的工作室，开始专心研究。

1844年，已经44岁的固特异终于以高温加硫黄处理橡胶的程序获得了专利权。这一实验的成功，成为美国橡胶工业时代的一个里程碑，对固特异来说，则是困苦生活的结束。此后，固特异又发明了很多橡胶产品，为美国橡胶工业的发展打下了深厚的基础。

——摘自《传奇"飞足"——百年固特异轮胎》

面对别人的批评，是抱怨，还是立志做出一番事业来让批评自己的人看一看？固特异选择的是后者。因为他清楚地知道，抱怨不能解决任何问题，只有自己争气，做出一番事业来改变现状，才是最明智的做法。正是这种"争气"的想法，使得固特异勇于面对任何失败和困难，不达目的不罢休。

固特异的成功固然是因为他的不懈努力，但当初如果没有柯斯瓦的刺激，他渴望成功的愿望可能不会这么强烈，追求成功的动力也不会这么强大。所以，在生活中，如果我们遇到批评自己的人，不要争一时之气，要学会把其作为动力，使我们斩破荆棘，走向成功之路。如果那时的我们已经释怀，就请在心中默念："谢谢你，那些批评我的人！"

告别生气与烦恼

在人生的道路上，每个人都在不停地积累那些令自己生气、让自己烦恼的东西，包括名誉、地位、财富、亲情、人际关系、健康、知识、事业；也包括烦恼、郁闷、挫折、沮丧、压力……人们被这些东西压得喘不过气来，失去了生活原本应有的乐趣，徒增许多无谓的怨气与烦恼。

其实，人生本应该是快乐的，快乐才是人生永恒的主题。烦恼是令人心冷的垃圾，是成功的绊脚石，是快乐生活的病毒。但烦恼很多时候不过是我们自找的。烦恼和快乐是两粒种子，你在心田上播撒什么样的种子，生活之树便会结出什么样的果实。

要知道，世界上根本不存在绝对的完美，所以当我们遇到不如意的事情时，千万不要生气，并为此烦恼。因为生气和烦恼只会把事情搞砸，所以只有愚蠢的人才会为一些毫无意义的事而烦恼。

清代东阁大学士阎敬铭写有《不气歌》："他人气我我不气，我本无心他来气；倘若生气中他计，气下病来无人替；请来医生将病治，反说气病治非易；气之危害太可惧，诚恐因气命要长；我今尝过气中味，不气不气真不气。"

如果一个人为了忧虑和烦恼呼天抢地、茶饭不思，任由忧虑和烦恼的阴影笼罩自己生活的方方面面，这实在是一件愚不可及的事。不仅不会得到别人的同情，而且还会被别人耻笑。

生气和烦恼就是和自己过不去。一个人如果无休止地烦恼，不仅自己会身心俱疲，头痛欲裂，而且这种坏情绪还会影响到他（她）的亲朋好友。因此，烦恼是一种非常消极的情绪。它会直接导致了一个人的失败，烦恼和忧愁不仅苦了自己，而且还不为人所理解。

伟大的音乐家贝多芬在他26岁的时候，耳朵就开始出现问题了。在28岁时，他发现自己听觉系统有了很大的问题，而且日益严重。这使贝多芬十分忧心，但他又不愿意告诉别人，再加上爱情的挫折，他的脾气越来越暴躁。

在1802年，他的坏情绪达到了顶点。当时，他住在维也纳的近郊，找了很多医生来医治他的耳病，由于没有查出病因，医生们采用了各种治疗耳病的方法却丝毫没起作用。耳朵完全失聪，这让贝多芬的情绪坏到了极点。失聪对于任何人来说都是灾难，贝多芬甚至写下遗嘱，曾几度打算自杀。然而，由于贝多芬心中对音乐的热爱，再悲惨的命运，也将被他的意志征服。他成功地化解了这一次精神危机，贝多芬从心中发出呐喊："难道这个世界就不能收留我吗？难道这个世界就没有值得我留恋的东西吗？难道自己死后就没有一个牵挂和怀念的人吗？不，我不能和自己过不去，一定要扼住命运的咽喉！"

这以后，贝多芬推掉了所有的应酬，专心致志地投入到了音乐的创作之中。这样过了两年，贝多芬创作出了一系列的作品，终于迎来自己人生中硕果累累的收获季节，到达了音乐艺术的高峰。

——摘自《贝多芬：靠心灵而伟大的人》

贝多芬的一生虽然非常坎坷，但他懂得化悲痛为力量，抛开烦恼，让音乐带给他安慰和快乐。他的音乐作品不仅给人们的生活带来了无穷的快乐和激情，也给自己带来了快乐和掌声。

很久以前，在西藏有一个叫爱地巴的人，每当他要生气和人起争执的时候，他就会以很快的速度跑回家去，绕着自己的房子和土地跑3圈，然后坐在田地边喘气。爱地巴工作非常努力,他的房子越来越大,土地也越来越广。但不管怎样,只要与人争论生气,他还是会绕着房子和土地绕3圈。爱地巴为何每当生气时都绕着房子和土地绕3圈?所有认识他的人,对此都很疑惑,但是不管怎么问他,爱地巴都不愿意说明。

直到有一天,爱地巴很老了,他的房子和土地的面积都已经很大,当他拄着拐杖艰难地绕着土地跟房子走3圈后,太阳都下山了。在爱地巴坐在田地边喘气时他的孙子在旁边恳求他:"阿公,您已经年纪大,这附近的人也没有人的土地比您更多,您不能再像从前,一生气就绕着房子和土地跑啊!您可不可以告诉我这个秘密,为什么您一生气就要绕着土地跑上3圈?"爱地巴经不起孙子的恳求,终于说出隐藏在心中多年的秘密,他说:"年轻时,我一和人吵架、争论、生气,就绕着房子和土地跑3圈,边跑边想,我的房子这么小,土地这么少,我哪有时间,哪有资格去跟人家生气?一想到这里,气就消,于是就能把时间用来努力工作了。"孙子问道:"阿公,您年纪这么大,又变成最富有的人,为什么还要绕着房地跑呢?"爱地巴笑着说:"我现在还是会生气,生气时绕着房子和土地走3圈,边走边想,我的房子这么大,土地这么多,我又何必跟人较真? 一想到这,气就消了。"

——摘自《西藏·爱地巴》

生活中,令人烦恼和忧伤的事确实会不断发生。然而,即使你只经历一次忧伤,也一定会给你的心理带来长期的阴霾和伤害。由烦恼和忧伤情绪产生的痛苦远远比事情本身带给你的伤害多得多。烦恼总是损害着我们的健康,消耗着我们的精力,扰乱着我们的思想,减少着我们的工作效能,降低着我们的生活质量。

烦恼情绪对人百害无一益,世界上没有一个人因烦恼而获得过好处,也没有一个人因烦恼而改善过自己的境遇。因为烦恼,一些本可以成为天才的人却只能平庸一生;因为烦恼,很多人把大量的时间和精力都耗费在了无谓的事上。

其实，如果把生活比作一壶酒，每个人就都是酿酒师。有的人把生活酿成了苦酒，天天都在咀嚼自己的不幸，岁月的长河变成了无尽的苦海；有的人把自己的生活酿成了美酒，天天都在品味着生活的甘露，百年的时光被打磨得光彩熠熠。

从今天起，让我们告别生气，告别烦恼……让自己带着阳光的笑脸、带着阳光的心态，步履轻盈地上路吧！如果天空刮起狂风，那么就在这飓风里磨砺我们的坚毅；如果天空下起大雨，那么就在暴雨中欢快地唱歌；如果天空飘落雪花，那么就让我们与皑皑飘雪一起飞舞，舞出生命里绝伦的精彩。因为风雨过后，依然会是阳光明媚，晴空万里！

用婴儿般的眼光看世界

在这世上，有一笑泯恩仇的人，但也有铭记仇恨过一生的人。

法正是一位德高望重的老禅师，每年都有成千上万的人去请他解答疑问，或者拜他为师。这天，寺里来了几十个人，都是心中充满了仇恨而活得痛苦的人。他们请法正禅师替他们想一个办法，消除心中的仇恨。

法正禅师听他们说完痛苦后，笑着对他们说："我屋里有一堆铁饼，你们把自己所仇恨的人的名字一一写在纸条上，每个纸条只写一个名字，然后把每个纸条都分别贴在不同的铁饼上，最后再将那些贴有仇人名字的铁饼全都背起来！"大家不明就里，都按照法正禅师说的去做了。于是那些仇恨少的人就背上了几块铁饼，而那些仇恨多的人则背起了十几块，甚至几十块铁饼。

一块铁饼有两斤重，背几十块铁饼就有上百斤重。仇恨多的人背着铁饼难受至极，一会儿就叫起来了，"禅师，能让我放下铁饼来歇一歇吗？"法正禅师说："你们感到很难受，是吧！你们背的岂止是铁饼，那是你们的仇恨，你们的仇恨你们可曾放下过？"大家不由得抱怨起来，私下小声说："我们是来请他帮我们消除痛苦的，可他却让我们如此受罪，还说是什么有德的禅师呢，我看也不过如此！"

法正禅师虽然人老了，但却耳聪目明。他听到大家的抱怨和议论后一点也不生气,反而微笑着对大家说:"我让你们背铁饼,你们就对我仇恨起来了,可见你们的仇恨之心不小呀!你们越是恨我,我就越是要你们背!"有人高声叫起来:"我看你是在想法子整我们,我不背了!"那个人说着当真就将身上的铁饼放下了,接着又有人将铁饼放下了。法正禅师见了,只笑不语。

终于大部分人都撑不住了,一个个悄悄地将身上的铁饼取些出来扔了。法正禅师见了说:"你们大家都感到无比难受了,都放下吧!"大家一听立即就将铁饼放了下来,然后坐在地上休息。

法正禅师笑着说:"现在,你们感到很轻松,对吧!你们的仇恨就好像那些铁饼,你们一直把它背负着,因此就感到自己很难受很痛苦。如果你们像放下铁饼一样放弃自己的仇恨,你们就会如释重负,不再痛苦了!"大家听了不由地相视一笑,各自吐了一口气。法正禅师接着说道:"你们背铁饼背了一会儿就感到痛苦,又怎能让仇恨背负一辈子呢?现在,你们心中还有仇恨吗?"大家笑着说:"没有了!您这办法真好,让我们不敢也不愿再在心里存半点仇恨了!"

法正禅师笑着说:"仇恨是重负,一个人不肯放弃自己心中的仇恨,不能原谅别人,其实就是自己在仇恨自己,自己跟自己过不去,自己让自己受罪!仇恨越多的人,他也就活得越苦。一个人只有去掉心中的仇恨,他才能活得快乐!"大家恍然大悟。

——摘自《学会放下仇恨 重拾快乐的法宝》

佛说:要学会宽恕,要学会放下。学会忘记,学会放下,学会宽恕别人,是对自己的一种解脱。仇恨会让人变得愤懑、狭隘、思维停滞。放下仇恨才能心平气和,才能重获快乐的心境。你要学会去宽恕众生,不论一个人有多坏,对你的伤害有多深,你都一定要懂得放下。唯有如此,你才能得到真正的快乐。

有一位哲学家曾经说过:消除仇恨的唯一的方法就是原谅。冤冤相报抚平不了心中的伤痕,只能让自己长期陷入痛苦的回忆中,而原谅和宽恕才能带来治疗内心创伤的奇迹。

　　林姗已经76岁了，她做梦也没有想到，在她孤零零一个人度过了40年时光后的今天，还会如此幸福地享受到人世间最为美好的天伦之乐。

　　林姗曾经有一个儿子叫小约翰，可是在他17岁那年，意外地被一群游荡社会的坏孩子乱刀砍死了。在刚失去儿子的那段时间，她很悲伤，心中也充满了仇恨。每一次看到那些衣着不整、叼着烟卷串街走巷，狂歌猛喊，甚至脏话连篇的坏孩子，她都有冲过去撕烂他们的冲动，这让她陷入了更深的痛苦漩涡中。后来，在一次"拯救灵魂"的公益活动中，她碰到了保罗——一个老得几乎走不动了的老牧师。保罗看到眼含忧郁的林姗后，便颤巍巍地向她走了过来，并对她说："你的事情我都听说了，光是怨恨是解决不了问题的，你知道吗？这些孩子也非常可怜，因为父母早早地抛弃他们离世了，社会也用有色的眼睛看待他们，他们多数人自从出生的那天起便没有尝到过什么是温情，更不知道什么是爱！"

　　林姗十分恼怒地说："可是，他们夺走了我的小约翰！"

　　"那也许是个意外，放下这些仇恨吧，如果你愿意，也许他们都会成为你的小约翰的！"

　　后来，林姗真的听从了保罗的建议，参加了"拯救灵魂"的公益组织。她每个月都要抽出两天时间去附近的一家少年犯罪中心，试着接近这些曾经让她深恶痛绝的孩子。开始时固然有些不自在，可通过一段时间的交流后，她发现，这些孩子确实不像他们所表现的那样坏。他们渴望爱，渴望温情，有的甚至渴望能叫抚慰他们的人一声"妈妈"。

　　于是，林姗像这个组织的其他成员一样，认了其中的两个黑人孩子作为自己的孩子。每个月她都要带上自己最喜欢的食物去看他们两次。就这样，两年过去了，当她的这两个孩子重新回归社会之后，她又认领了两个孩子……直到现在，她已经认下了二十几个孩子。他们每个人都从她那里得到了一种不是母爱却胜似母爱的情感，而她也从他们的身上找到了小约翰的影子。他们即使从这里出去，重新回到社会后，也从没有间断过与林姗的联系，他们会定期地到家里来看望她，帮她做家务，然后与她一起共进晚餐，看电视……

林姗说，她从没有像现在这样幸福过，她不仅用她的爱心挽救了这些孩子，而且她自己也享受到了天伦之乐。

——摘自《女人要学会宽容的处世》

林姗因为舍弃了心中的仇恨，所以才获得了幸福。如果当初她选择一直仇恨下去，那么就不会有如今的天伦之乐了！

其实，我们剔除心中的仇恨，既是宽恕别人，更是放过自己。心中放下了仇恨，也就没有了负面情绪的困扰；心中放下了仇恨，人才能变得平和、安详、轻松、自在、积极向上、充满阳光。放下仇恨，人才能从内心深处散发出一种恬淡、从容、自信。

在仇恨的岁月里，最痛苦的不是你所憎恨的那个人，而是你自己。在有限的生命里，你拿出多少时间来仇恨？又分给了快乐多少时间？别让仇恨荒废了自己大好的时光。仇恨是一副重担，学会放下它吧，试着用婴儿般的眼光看这个世界，就会发现生活中的那些纯净与美好。

让自己的心柔软一些

很多时候，我们常常会因为一些小事情和身边的人发生争执，双方各执己见，谁也不肯往后退一步，于是就这样一直僵持着。问题得不到合理的解决，而彼此的关系也因此而变得分外紧张。

在生活中，我们做人一定不要太过计较，也不要太认死理，这正是有人活得潇洒的原因之所在。太较真了，就会对什么都看不惯，连一个朋友也容不下，就会把自己封闭和孤立起来，失去与外界的沟通和交往。

在这世上，谁都不是圣人，不可能始终都不犯错。活在世上，我们避免不了要与别人打交道，所以对待别人的过失和缺陷，我们不妨宽容大度一些，千万不要吹毛求疵、求全责备，要记住求大同存小异，甚至可以糊涂些。若是一味地要"明察秋毫"，眼里揉不得半颗沙子，总是过分挑剔，连一些鸡毛蒜皮的小事都非去论个是非曲直，分个输赢出来，到了最后，也只能是自己得不偿失。

在很久以前，有一位自以为很聪明的人，他叫易根金，他非常自恋、也非常固执，他经常会做一些自以为做得很明智的事情。

一天，易根金高高兴兴地到集市上买了几十只鸡准备回家养。当天无事，到了第二天清晨，一只公鸡早早地起来报晓，这时易根金正在做美梦，这只公鸡的报晓声吵醒了易根金，他这个气啊，冲出屋子便杀了这只报晓的鸡。第三天清晨，又一只公鸡早早地起来报晓，可怜的公鸡又被易根金宰了。第四天清晨，又一只公鸡早早起来报晓，当然又是被易根金宰了。

这时邻居们看不过去了，疑惑地问："老易，这些公鸡每天报晓挺准时的，你干吗好好地要杀了它们？"易根金气愤地说："这些傻公鸡这么早就打鸣，它们吵了我的美梦！"邻居们不等他继续说，劝说道："清晨报晓是公鸡的天职啊！"老易却一脸满不在乎的样子说："那我不管，我需要的是和母鸡配种的公鸡。不要它大清早打鸣！"

邻居们议论纷纷，一位长者说道："公鸡是不可能不报晓的，倒是你可以换一种方法解决这个问题。"易根金马上接了话，"难啊！我也不是没想改变，我曾想过割掉公鸡们的嗓子，也想过捆住它们的嘴，可那样都太麻烦了啊，还是宰了它们比较明智、比较省事儿！""那你就不会改变你的生活习惯吗？你不会早睡早起嘛！"老易一扭头，"哼，没道理啊，我这个习惯都十几年了，怎么会为了这些傻公鸡而改变自己的生活习惯！再说，我是主人啊，要改的话也应该是它们啊！它们与我发生矛盾时，它们应该服从我，否则受损失的就应该是这些呆公鸡！叫我受委屈，没门儿！"

于是，易根金就将杀鸡的习惯保持了下去。最后公鸡杀光了，老易庆贺自己终于胜利了。

——摘自《学会退让》

虽然这个故事十分可笑，但重要的是它启发我们：当我们遇到和自己有矛盾的事情时，应该学会采用让自己做出一点点让步的方法来解决矛盾，否则将来就会付出很大的代价。在我们人生的旅途中，总会遇到一些大大小小的矛盾，但只要我们能"柔软"一些、退让一些，矛盾就会很容易解决！

桌面很平，但在高倍放大镜下就是凹凸不平的"山峦"；居住的房间看起来干净卫生，当阳光射进窗户时，就会看到许多粉尘和灰粒弥漫在空气当中。如果我们每天都带着放大镜和显微镜去看东西，恐怕会感觉到世上就没有多少可以吃的食物、可以喝的水、可以居住的环境了。如果用这种方式去看别人，恐怕人人都是一身的毛病，甚至都是十恶不赦的大坏蛋了。

其实，只要换个想法，我们每个人都各自向后退一小步，不再对那些细枝末节的事情斤斤计较，而是转过身给对方一个温暖的拥抱，原本针锋相对的敌人，很有可能会变成无话不谈的朋友。

战国时期的赵国有两位名人，一位叫蔺相如，是有名的谋臣；另一位叫廉颇，是闻名各国的武将。

蔺相如非常有胆识和才华，他多次在外交上为赵国立功，被赵王拜为上卿，他的地位比大将军廉颇还要高。廉颇将军得知此事后，觉得自己的功劳也很卓越，于是很不服气，扬言要当面羞辱蔺相如。蔺相如知道后，不愿意和廉颇争地位的高低，便处处留意避让廉颇，廉颇上朝时他就假称有病来回避。

有一次，蔺相如乘车外出，远远望见廉颇的车子迎面而来，急忙让车夫赶到小巷里避开。车夫便以为蔺相如害怕廉颇。

蔺相如语重心长地说："秦国这样强大，我都不怕，廉将军又有什么可怕的呢？我是想，强大的秦国今天之所以不敢对我们赵国轻易用兵，只是因为赵国有我和廉将军两人。如果我和廉将军不能和睦相处，而互相攻击，像两虎一样相斗，结果必定有一方受伤，秦国就会趁机侵略赵国。我之所以对廉将军避让，是因为我把国家的安危放在前头，不计较私人怨恨。"

蔺相如的这番话使他手下的人极为感动，手下的人也学习蔺相如对廉颇手下的人处处谦让。

此事传到了廉颇的耳中，他被蔺相如如此宽大的胸怀深深感动，心里万分惭愧。于是廉颇脱掉上衣，背上荆条，到蔺相如家请罪，并惭愧地说："我是个粗陋浅薄之人，真想不到将军对我如此宽容。"

蔺相如没有责怪廉颇，而是与他握手言和，从此两人成为了刎颈之交。

——摘自《拥有宽广的胸襟》

人与人之间之所以会产生矛盾，只是因为人们都太以自我为中心了，从来都只是站在自己的角度去考虑问题。如果我们可以偶尔进行换位思考，把自己放在对方的位置上，设身处地地体会对方的难处，事情也就变得简单多了。

古今中外，凡能成就一番大事业者，无不具有海纳百川的雅量，容别人所不能容，忍别人所不能忍，善于求大同存小异，赢得大多数人。他们豁达而不拘小节，善于从大处着眼；从长计议而不目光短浅，从不斤斤计较，拘泥于琐碎小事。

多数人仅仅是在一些小事上计较，例如，菜市场上，人们时常因为几角钱争得脸红脖子粗，不肯相让，而一台冰箱2000元和2100元的100元差价，人们经常会忽略掉，不去为此而计较。

其实，要想真正做到不计较，并不是件很容易的事，这需要宽广的胸怀和将心比心的理解。要知道，你怎样对待别人，别人就会怎样对待你，想要赢得对方的尊重，就必须给予对方同样的尊重。沟通是促成彼此互相理解的有效方式，一旦缺少了沟通，我们将永远只能活在自己的世界里，无法真正理解对方，所谓的关心和爱，也就根本无从谈起。

其实，只要对方不是做出有辱人格或违法的事情，你就大可不必去跟他计较。试想一下，假如跟别人较起真来，刀对刀、枪对枪地干起来，再弄出什么严重的事儿来，那就真是太不值了。跟萍水相逢的人计较，实在不是明智之举；跟见识浅的人计较，无疑会降低自己的身份。所以，让自己的心柔软一些吧，学会容纳，学会宽恕，学会释怀。

你，还舍不得那些糖果吗

在人生的旅途中，我们就像一个徒步的旅行者，虽然有很多有价值的东西值得我们去抓取，但我们的行囊没有足够的空间，所以我们只能选择自己最需要的。在选择的过程中，我们势必要舍弃一些东西。不管自己是否舍得，都必须舍弃一些东西以便为最需要的东西留出足够的空间，这样才能轻松地走完我们的旅途。所以，在生活中要牢记一句话："小舍小得，大舍大得，不舍不得，越舍越得。"

有句话说的好：紧握双手，什么都没有；打开双手，世界就在手中！从小时候起，我们所受的教育都是如何努力、如何奋斗，如何坚持到底。其实，很多时候，我们更需要学会舍弃，因为有时候舍弃才会让我们更好地拥有。

很久以前，一个人不远万里走到深山之中去请教智者。见到智者的时候，他留下了眼泪，他跟智者说："为什么我每天都活得那么累？我该怎么做？"智者没有说话，而是把他带到一条由五彩石铺就的小路，给他一个背篓，要他把小路上他喜欢的石头都捡进背篓里。此人无论是什么颜色的石头都一一捡进去。

过了一会儿，他双肩沉重得支持不住，一跤跌倒。智者见状，让他把最喜欢的石头留下，其余的统统扔掉。他听了智者的话，没过多久，他就感觉轻松无比，很快抵达小路的尽头。虽然他放弃了许多五彩斑斓的石头，但他获得了轻松、愉快的心情。

这时，他才恍然大悟，原来智者是想告诉他：要学会舍弃，学会放下。

——摘自《小故事大人生——懂得放弃》

其实，懂得放弃，才能更好地获取。古今中外有许多人的成功都是建立在有所放弃的基础上的，但他们却不会由于选择放弃而彷徨。因为只有经历残酷而痛苦的放弃，才有机会获得崭新的生活，取得事业的成功。鲁迅弃医从文，才有了今天的《孔乙己》；梵高拒绝做传教士而做了画家，才有了今天的《向日葵》；比尔·盖茨放弃了在哈佛大学深造的机会，投身商海，才有了今天的微软公司……正是因为他们有所放弃，才能成功地驾驭人生，取得成功。是啊，这正如某位哲学家说过的：有时放弃并不意味着失败，而是对生命的过滤！

明智之人懂得拿得起、放得下，他们拥有一颗坦然的心，无论是得到的还是失去的，只要已经成为事实，就应该了却牵挂。顺其自然地放弃，是一种境界。漫漫人生路，只有学会放弃，才能轻装前进。才能不断有新的收获。

在一次周年晚宴上，李嘉诚说："好的时候不要看得太好，坏的时候不要看得太坏。"这句话是李嘉诚人生修炼最高境界的体现，就是"拿得起，放得下"。一个人拿得起是一种勇气，放得下是一种度量。不为大的挫折所动，并能坦然承受它的人是有度量的人；佛家以大肚能容天下之事为乐事，这便是一种极高的境界。

《与神为友》（尼尔·唐纳德·沃尔什著）一书写道："我不会抓紧任何我拥有的东西！我学到的是，当我抓紧什么东西时，我才会失去它。如果我抓紧爱，我也许就完全没有爱；如果我抓紧金钱，它便毫无价值。想要体验'拥有'某一东西的唯一方法，就是将它放掉！"

张曼玉的成功尽人皆知，在她的成长道路上，她却曾经为她错误地坚持付出过不小的代价。刚进入演艺圈的时候，她还是个少女，那时，她只想在银幕上扮靓，只肯演妩媚动人的少女，演了几部电影之后，却没有得到预期的效果。观众不认可她的妩媚，不认可她演美貌少女时的表演。这个时候，圈里的人就劝她：以她的形象、演技，她应该有很大的发挥余地，如果尝试演一些其他的角色，也许会取得成功。这个建议本来是很好的，可那时，张曼玉很相信自己的演技，也相信自己的容貌，相信自己的青春。于是，她固执己见，继续演妩媚少女。就这样又演了几部戏，结果，还是没有取得预期的成功。屡遭挫折之后，她终于放弃了那些无意义的坚持，决定改变戏路。

于是，一个接一个全新的角色出现了。从《新龙门客栈》里的老板娘到《宋庆龄》里的宋庆龄，从《一门喜事》里的新娘子到《甜蜜蜜》里的打工妹，从《济公》里的放荡妓女到《青蛇》里可爱的"青蛇"，她角色多变，演技出色。张曼玉终于成功了。

——摘自《20几岁，决定女人的命运》

这些角色的出演，给张曼玉带来了巨大的声誉，她连续四次获香港金像奖最佳女演员奖。可以说，她获得了辉煌的成功。而这成功，当然得归功于她及时放弃了无意义的坚持。

如果你能够领悟"放下"的道理，你将会有一种如释重负的感觉。因为只有懂得放下，才能掌握当下。更何况，人生在世，如果不能把一些不是很必要的东西放下，你的"人生行囊"将很快就没有空间去搁置你真正需要的东西。

舍弃一物，未必会尽失所有；成就他人，也未必会损伤自己。宽心的关键在于：知道何时予，知道何时得。只要怀抱一颗宽心、一颗积极的心，肯舍，则之后必有得。有所舍，才有所得。不舍，则空空荡荡什么也得不到，就好像《红楼梦》里说的"机关算尽，反误了卿卿性命"，这里说的就是无舍也无得、反倒连性命也赔进去的人。有时候，看开一点，淡然一点，退后一点，就会海阔天空。舍得舍得，这个词自古连在一起，因为有舍才有得。

每个人手上其实都攥着自己人生的选择权，但许许多多的人并没有使用这一权利，他们不舍，于是终其一生都没有得到什么，这也许就是成千上万的人碌碌无为、平庸一世、抑郁一生的最直接原因。拿起人生的选择权，舍弃该舍弃的，因为人的精力有限。只有舍弃了旁枝末节，才能将全部的精力放在最重要的事上，才能有所得、有所获。有舍有得，才能给生命不断注入新的激情，让人生的美好梦想真正变成辉煌的现实。

正如每个人活在世上，刚开始是个积累的过程，就像小孩吃糖果那样，一开始把喜欢的都抓在手上，然而随着年龄的增长，小孩走向了成熟，这时他知道，糖果抓得太多，最终只会撒一地。不少人的生活就是如此，满手的糖果，结果不是握不紧而全部失去，就是糖果在手上化了。

每个人都在一天天成长，在成长的过程中，我们就会渐渐明白舍弃的意义。现在的你，还在舍不得那些让你疲惫的糖果吗？如果是，就赶快调整自己的心态，学会放手吧！为了让自己活得更加轻松，更加幸福，我们是必须舍弃那些并不那么重要的糖果的。唯有如此，我们才能拥有愉悦、轻松的生活。

第二章

在泥泞的道路上，奔赴你的梦想

梦想是我们人生的航标，在我们每个人的心中都有属于自己的梦想，如果想要实现它，我们就必须努力去奋斗，在奋斗的过程中，我们难免会遇到荆棘与坎坷，但是只要我们不抛弃、不放弃，坚持不懈地走下去，那么终究会奔赴到梦想的彼岸。

有梦的人生一片晴空

在我们的生活中，梦想几乎无处不在。梦想有大有小：它可能是你为实现人生价值所打拼的伟业；可能是你为养家糊口所谋求的工作，可能是你想买的房、想买的车、想追求的人、想创办的事业，也有可能是你今天手上所干的一件微不足道的小事。虽然人们的很多梦想都是我们日常生活中所常见的东西，但千万不要小看它们。人生是一场漫长的苦旅，很多时候正是因为这些小小的梦想，我们才能鼓足精神，硬生生闯过人生旅途的层层风雨，抵达幸福的彼岸。

梦想是我们发自内心的愿望，是来自灵魂深处的渴望。梦想是生活的一部分，虽然它不一定能给人们带来财富和名誉，但它能带来希望和快乐。没有梦想，人生就会失去意义。心中有梦想，人生就不会丧失希望，就会更有意义，就会更精彩。

刘伟是一位特殊的"断臂钢琴家"，他有着干净的容颜，坚定的眼神，人们只要看一眼就能记住他。

作为一位普通的追梦者，在给《开学第一课》当表演嘉宾的时候，他只说了一句"你好"之后便再无更多的语言，也无更多的感慨发言。但是，他却用自己的行动代替了一切言语，用音乐代替了一切情感。一架静静的钢琴，一张特殊的钢琴凳，这就足够了。这是他的舞台，这是他的梦想,这是他的生命,这是他新生命的起航!

他用脚趾弹奏出了动人的旋律,用音乐打动了每个人的心灵。那样熟练、那样深情、那样专注……行云流水般的演奏,就是他对生命的赞歌,对梦想的诠释。一曲《梦中的婚礼》,完美地阐释了残缺的美、不完整的美、梦想的美。

难怪在热烈的掌声中,主持人王小丫赞叹道:"这是我听到的最美的声音!听到琴声,我在想,我们四肢健全……我们感受到的一个词就是'震撼'!"一旁作为辅导老师的马云也发出同样的赞叹:"我所能说的就是震撼和感动。"

这位"特殊"的钢琴家,用行动告诉我们:没有手,用脚一样可以弹钢琴;没有手,用脚一样可以实现自己的梦想!如他所说:"虽然我体会不到拥抱别人的幸福感,但我能够在琴声中感受到别样的幸福。"在音乐中,他可以享受到公平的幸福,享受到人生的美好。

"摆在我面前的只有两条路:要么赶紧去死,要么精彩地活着。"这掷地有声的话语,让每个人的心都深感震撼。这句话虽是他的人生格言,但我们又何尝不能从中受到启示呢?

——摘自《刘伟弹琴的故事》

当你全神贯注地去追寻自己的梦想时,每一天都是缤纷精彩,因为每一天,都是在部分地实现自己的梦想。在这世上,成功者之所以成功,就是因为他们始终怀揣着梦想,不曾放弃。梦想激励他们努力地过好每一天,让他们的人生充满活力。如果没有梦想,就不会有为实现梦想所付出的巨大努力,就不会有今天光彩照人的他们。

在日本流传着一位"五星级擦鞋匠"的故事,故事的主人公名叫源太郎。

源太郎初中毕业后在一家化工厂做运输工,后来回到父亲开的和服店帮忙。不幸的是,和父亲一起做生意的合伙人盗款外逃,和服店被迫倒闭。源太郎想再回原来的化工厂,却遭到了拒绝。为了糊口,他只得到处打零工。

　　一天，一个美国军官让他帮助擦皮鞋，源太郎本来不会擦，但是他从小心灵手巧，美国军官一指点，他很快就学会了，而且帮他把皮鞋擦得可以照见人影。最后他得到了丰厚的小费，从这以后，他决定靠擦鞋赚钱。

　　源太郎花费3年的时间，遍访了所有听说过的手艺好的擦鞋匠，虚心向他们请教。同时，他汲取别人的经验教训，总结出了自己独特的擦鞋方法。他有了自己的梦想：成为世界上优秀的擦鞋行家！在满腔热忱的促使下，他不仅追求把鞋擦干净、擦亮，还仔细地研究皮鞋的质量，努力做到精通皮鞋的类型、质地。

　　由于源太郎对皮鞋的相关知识了如指掌，使得他擦鞋的技术达到了炉火纯青。他会根据不同品牌的皮鞋，选用不同成分的鞋油。遇到一些颜色罕见的皮鞋，他就自己用几种颜色的鞋油来调制特殊鞋油。他还仔细地研究了各种鞋油的性质，努力做到既光亮，又充分滋润皮革，让光泽更持久。

　　生活不会辜负每一个为梦想热情投入的人，源太郎成功了，1975年，他成了希尔顿饭店的"定点擦鞋匠"。他的手艺异常受欢迎，一些外地的顾客甚至将自己的皮鞋邮寄过来让他擦。希尔顿饭店亚太地区的总裁理查德·亨特赞扬源太郎说："没想到，我们这个四星级的饭店出了个五星级的擦鞋匠。"

　　不仅如此，连日本前首相以及日本的财界大亨等一些著名人物都成了源太郎的常客，还有一些著名明星都把鞋送到他那儿擦过。源太郎的梦想实现了，他成了世界一流的擦鞋匠。

——摘自《做个"五星级擦鞋匠"》

　　一个小小的擦鞋匠，凭着满腔的热情和激情，也能取得如此大的成就，这就是梦想的力量。有位哲人说："离开了梦想，任何人都算不了什么；而有了梦想，任何人都不可以小觑。"人生就是在不断实现理想、梦想和目标的历练中而变得有价值和意义。有梦想的人生是积极的人生；有梦想的人生是充实的人生；有梦想的人生是幸福的人生；有梦想的人生，是快乐的人生。

"有梦想谁都了不起。""人因梦想而伟大。""心有多大，舞台有多大。"人生的舞台是给有梦想的人准备的。"只有想不到，没有做不到。"只有敢想，才能敢干。从来不敢想的事情，那么怎么可能成功呢？

其实，每个人的潜能都是无限的，一个人一生当中潜能的发挥只占3%~5%，就是爱因斯坦等科学家才发挥了8%~10%的潜能。所以，在人生的旅途上，我们一定要有梦想，因为有梦的人生会拥有一片晴空。

用奋斗的汗水把括号填满

在这世上,每个人的生命都是一张没有回程的单程车票。在这趟人生的旅行中,谁也不知道下一站是春风和煦,还是风雨交加!顺境也好,逆境也罢,我们唯有满怀激情去迎接一个个未知的挑战,才会在风平浪静时闲庭信步,惊涛骇浪中搏击长空。

既然上苍只赋予了我们一次生命,我们就该让这仅有的一次生命过程最大限度地放射出光彩。是春花就应在春天绽放娇艳,是冬梅何不在冰雪中傲然挥洒清香?为萧条的季节增添几许勃勃生机,即使是昙花一现的短暂,也要努力绽放那美丽的瞬间。不能去享受追求磨砺中的快乐与精彩,那就叫年华虚度,因为人生本就是一个追逐与体验的过程。

看看成功人士,他们在追求梦想的时候,并不是只盯着成功的彼岸,而是脚踏实地地走好每一步通向梦想的路。因为在奋斗中,人是容易疲惫的,尤其是在梦想看起来遥不可及的时候。所以,我们应该留意每一个小小的进步,享受每一次小小的成功,那么实现远大的目标就不再让我们感到压力重重。

在日本有一位著名的禅师叫临济。临去世前,数千名门徒聚集在一起聆听他最后的讲道,可临济只是躺着,快乐地带着微笑,不说一句话,看着他快死了却不说一句话,他的一位老朋友,一位同样有名的大师提醒他:"临济,你是否已经忘了你必须说你最后的遗言?大家都盼望着呢。"

临济说道:"请听!"这时屋顶上两只松鼠在奔跑着,尖叫着,他说:"多美!"然后他死了。就在那一刻,当他说"请听……"那是全然的宁静。

每个人都以为他会说些至理名言,但是只有两只松鼠在屋顶上打架,尖叫着奔跑着……然后他微笑,接着便去世了……但是他已经说出了他的最后遗言:我们不要将事情分成小的和大的,重要的和不重要的,每件事都是重要的。

在那一刻,临济的死与屋顶上两只松鼠在奔跑同样重要,那没有区别,所有的存在都是一样的,那就是他的整个哲学。他一生的教诲——没有什么东西是伟大的,也没有什么东西是渺小的,这全由你而定。

——摘自《日本有一位著名的禅师叫临济》

我们曾经背负过太沉重的理想和主义,到头来却发现那只是别人用来操纵和控制我们的一种工具,于是它像皂泡一样破灭。现在我们也还背负着沉重的"殷切希望"和"成才的祈望",其实人生怎样才有意义,完全只是我们个人的一种选择。

生命的意义不在于要有一些所谓伟大的人生目标,要干一些所谓的大事。其实事情的重要和不重要,是大事还是小事,只是你自己的一种界定。能够让你快乐的事,能够让你投入心力、投入热忱的事,那就是大事,也就是重要的事。

年轻人都容易重结果而轻视过程,认为过程是手段,结果是目的,没得到好的结果就是失败。其实过程是漫长的,结果是短暂的,人不能为了"短暂"而放弃"漫长"。享受过程,远比享受结果更能带给人快乐。那是一个持久的、给人希望的过程。生活中,许多事情都是这样,追求爱情、打拼事业、追求梦想等,我们不能太在乎结果,如果以成败论英雄,往往会忽视过程,也就无法充分领略追求过程中的那些酸甜苦辣,无法充分体会其中的喜怒哀乐,人生也就缺乏了一种韵味。

追求梦想的过程漫长而艰辛，经历过什么并不重要，结果是什么也不重要，重要的是在这过程中学会欣赏。流星的美，在于过程，它以炫目的轨迹点亮夜空，播种下美好的憧憬；潮汐的美，在于过程，它于潮起潮落间迸发激情，演绎着世事沧桑。过程是世间万物的一种存在方式，我们不能因为太在意遥远的梦想而忽略了眼前的美景。

一首诗这样写道：人生从自己的哭声开始，在别人的泪水里结束，这中间的时光，就叫做幸福。那么，应该努力享受中间的时光，体验奋斗过程中的幸福。

中国女子羽毛球运动员张宁，1994年就开始代表国家队出战，虽然身在国家队，但状态不是很理想，只能在国家队任第三单打。2004年在她29岁"高龄"时，她却达到了运动生涯的巅峰，取得了奥运会单打冠军。

记者问她状态如此之好的原因，她说："以前我是为取得好成绩而训练、比赛，现在我是喜欢羽毛球运动，我能够享受训练和比赛。当注重过程了，你就会赢得这个比赛。"

张宁的成功让我们明白了一个道理，那就是过程与结果是一种辩证的关系。不懂得享受过程，就一定不会有好的结果；懂得享受过程，才可能会收获硕果。

——摘自《过程与结果》

泰戈尔说："天空中没有翅膀的痕迹，但我已飞过。"飞过就不遗憾，因为飞翔就是在体验过程。关注过程，并不是否定理想，并不是停滞不前，并不是放弃对事业的终极追求。如果理想是一轮升起的太阳，那么，过程就是天边的一抹朝霞，于不经意间折射出夺目的光彩；如果说理想是一棵参天大树，那么，过程就是树苗上的一滴晨露，于无声处焕发出勃勃生机。

没有过程就没有结果，没有人可以错过，但过程又是最容易被人忽视的。正像有人说的"乐也一生，悲也一生"，我们对待世界的态度决定着我们的所得，我们对待梦想的态度决定了我们的成败。处在凄苦的意识中看生活，看困难，看挫折，看问题，往往没有出路。只有换一种态度来看待梦想，迎接困难的挑战，才能在平淡的人生中体验惊喜和欢乐。《红楼梦》中妙玉所引用范成大的诗句"纵有千年铁门槛，终需一个土馒头"，就是这样看待人生的结局。

所以，享受追梦的过程吧，如果你不会享受过程，纵然你实现了梦想，那也索然无味。生命是一个括号，左边括号是出生，右边括号是死亡，我们要做的事情就是填充括号，用奋斗的汗水把括号填满。

梦想是一遍遍的重生

培根曾说过："最名贵的香料只有烈火中才会发出最浓郁的芳香。"这句话启示我们：逆境与挫折是生活必不可少的一部分，在经历过挫折之后，才会离自己的梦想更进一步。

不管是谁，在追梦的路上，一定会遇到很多艰辛和困苦。然而为了到达梦想之巅，这些荆棘是我们每个人必须要面对的，遭受的失败和打击就是我们为梦想付出的代价，哪怕代价惨重，我们也必须要鼓起勇气去面对。因为只有不怕付出、不怕失败，勇往直前的人，才会在穿越荆棘之后，实现自己心中的梦想。

希拉里上学的时候，是一个十分优秀的学生。那时候，她原本可以在家乡这个自己所熟悉的环境里，在朋友们的围绕下度过快乐和轻松的大学生活。

但是，希拉里勇于追求梦想中的人生，因此，她大胆地放弃了安逸的生活，考入人生地不熟的东部名校卫斯利女大。到了卫斯利以后，她依然可以顺从现代社会的规则，在教授们的关怀下过着安逸的生活。但是，她胸怀美国女总统的梦想，她知道应该追求怎样的生活。最后，她放弃了安逸，决定向落后于时代的规则挑战，开展了废除和修改各种陈规陋习的活动。从此，她与校方之间经常要进行令她倍感吃力的"拔河"比赛。在耶鲁法学院时，她经常为争取贫困家庭儿童的合法权益而奔波，这花费了她很多的时间；从耶鲁毕业后，她又放弃了在华盛顿和纽约等大都市从事高薪水的律师职业的机会，选择了在人口不足全美1%的阿肯色州从事律师工作。

在阿肯色州，她本来可以过着州长夫人的豪华生活，但为了实现梦想，她整天奔波忙碌，先后组建了法律咨询处、儿童保护基金、以10岁以上儿童为对象的州立学校、面向贫民的无偿律师组织委员会等。

希拉里的这种敢于为梦想付出代价的人生态度，直至她当选为参议员以后也丝毫没有改变。她敢于放弃安逸的生活，为了实现自己的梦想而奔波。

——摘自《充实内心活在当下》

有人说，希拉里的人生是不断收获的人生，她的人生充满着辉煌。有人说，希拉里的人生是不断失去的人生，她的人生充满着辛酸的放弃。世间没有从天上掉下来的馅饼，要想实现梦想，就必须付出代价。

当今社会，许多在学校里表现非常优秀的人，走上社会以后却过着再平凡不过的日子；而上学时非常一般的人，步入社会以后却成为很多人羡慕的名人。这种现象引起了一些专业人士的好奇，并对产生这种现象的原因进行过深入调查。结果发现，其中最重要的原因就是：是否具备为梦想付出一切的勇气。

不思进取的人看到的只是眼前的安稳，哪怕生活空虚他们也不想为梦想努力打拼，他们害怕自己会被困难和挫折弄得遍体鳞伤；积极进取的人看到的是将来自己的人生高度，哪怕为了实现梦想而输得身无分文、一无所有也在所不惜。

曾经有这样一个人，他在中专毕业后就去了深圳打工。在短短几个月的时间里，他通过自己的勤奋努力和超强的能力，当上了公司的管理人员，每个月能拿几千元的薪水，过着足以让常人羡慕的生活。可是17岁的他，并没有感到满足，因为他的大学梦还没有实现。为了实现梦想，他果断放弃了优越的工作条件，回到家乡补习备考。三年后，他被清华录取，所有人都不敢相信，他成了当地实行高考制度十五年来的第一个清华的大学生。

大学毕业后，他进了一家报社做财经记者。由于他勤奋好学、能力突出，不久之后就成了一名非常出色的记者。有一天，他注意到了一位三十多岁、埋头苦干的同事，每天做着跟自己同样的工作，可是业绩却并不出色。他突然想到，十年之后的自己会不会也成这个样子？这跟自己的想象差距太大了。想到这里，他决定自己创业，经过几个月的精心准备，他将自己的创意写成了商业计划书。然而只有创意没有资金，是行不通的，于是他开始四处寻找风险投资商。

有一天，他听说雅虎创始人杨致远要来，得知这个好消息，他兴奋得一夜没睡好。第二天，他凭着自己记者的身份很容易就进入了会场，但是却一直没有找到跟杨致远单独交谈的机会。直到散会后，看到杨致远进了电梯，于是他一个箭步冲进了电梯，并按下了电梯按钮。这一下子让杨致远猝不及防，略带狐疑地看着他。电梯门关上后，他拿出了商业计划书，杨致远才恍然大悟，接过计划书看了看，然后给了他一张名片，并对他说："我回去看看再答复你。"可是，几个月过去了，他一直没有收到回音。

不过，他追寻梦想的脚步并没有因此停止。有一次参加科博会，记者们都争着向那些海归名流提问，将一位没有什么名气的民营企业家置于一旁。民营企业家一言不发地干坐着，样子颇为尴尬。他觉得应该帮帮人家，于是接连向那位民营企业家提了几个问题，替他解了围。散会后，企业家心怀感激，主动找他聊天。

谈话时，他向这位民营企业家说起了自己的创业梦想，企业家看了看他的计划书说："你的创意非常好，就冲你这个人，我给你投一千万！"可后来，企业家在请了专家评估之后，认为风险太大，于是告诉他："我们都认为你这个人不错，但是很遗憾，董事会经过慎重考虑，认为你这个项目风险太大。"

他听了这话后回答说:"我做了充分准备,对这个项目很有信心……"他实在不想让机会从眼前溜走,试图做最后的努力,可又担心董事会的决定不可能为他而改变。然而,在回去的路上,幸运降临了,他接到了企业家打来的电话:"我决定给你投100万,你这个项目风险确实太大,但是你这个人没有风险!"

第二天,他收到了那位企业家的风险投资,从此,他的梦想插上了翅膀,开始准备起飞了。那位企业家就是远东集团的董事长蒋锡培,他没有看错人,那个年轻人的确没有风险,这个年轻人就是高燃。如今他身家过亿,因为创立了MySee直播网,一时间名声大噪。

——摘自《有了梦想你就去做》

在普通人看来,高燃的成功非常具有传奇色彩,但是高燃说:"如果我能最终成功,肯定是因为我有一个大胆的梦想,哪怕明知'不可为',我也会用全部的精力去追求,至少不能给人生留下遗憾。"

人生在世,拥有梦想容易,可是想要让它变为现实却需要我们跨过重重障碍,如果你总是担心自己会付出太多,到最后徒劳无功,那么你就不可能放开手脚去行动、去实践,那么梦想将永远不会变成现实。

生活中,我们如果想要保证自己今后都有水喝,而且能喝得很悠闲,还能源源不断,那么就要懂得树立远大的目标,并为此努力,哪怕因此损失惨重,哪怕困难重重也不要后悔,不要放弃。

生命是一个个轮回,生活是一次次循环,梦想是一遍遍重生!相信梦想,人生就有希望;坚持梦想,成功就在眼前!当我们为了实现梦想不断付出努力的时候,生活将会跟着充实起来;当我们有了足够的付出时,就一定会有所收获。

行动吧，拿出勇气闯天涯

问大家一个简单的问题：勇气是什么？可能一千个人会有一千种答案。其实很简单，勇气就是一个人敢于尝试、不断挑战的动力。就好比在气球里充上了气，只有这样气球才有可能飞起来，如果气球里没有气，即使气球的做工再漂亮再美丽，气球也无法飞起来，只能放在我们的手里把玩。

其实，在很多时候成功离我们只有一步之遥，我们所需要的仅仅是敢于行动的勇气。生活中，避免不了会遇到暗礁险滩、狂风恶浪，所以自然会有不顺心、不如意的时候，有时这会让我们感觉无所适从，甚至产生胆怯的心理。不过，既然我们想要成功，想要闯荡出个样子来，那么就要有超乎常人的勇气，有不畏困难勇往直前的气概，有失败后还能越战越勇的精神。在面对困境时，有勇气的人总能顶得住各种压力，敢于迎头而上，因为他明白，只要勇敢去做，才有机会获得成功。

亨利·亚兰是美国第三大汽车制造商——克莱斯勒公司的市场销售总监，从年轻的时候就在克莱斯勒公司做销售工作。20世纪50年代中期，市场逐渐呈现低迷的趋势，销售量下滑，生意变得越来越不好做。

一个寒冷的冬天，亨利·亚兰跑了整整一个街区都没有推销出去商品，甚至没有人愿意打开房门听一听他的介绍。

可喜可贺的是，当他再次来到那个街区后，每一个拒绝他的人，都被他的这种不屈不挠的勇气所感染，结果售出了6辆新车。取得了前所未有的销售业绩！

第二天，他到公司，向同事们讲述了昨天开始所遭遇的失败和他又顺利地销售出6辆新车的过程，同事们无不为他不屈不挠的勇气所折服。

这确是一个不平常的成就，而这个成就先是从失败开始的。那时亨利·亚兰在风雪中穿街过巷，跋涉了8个小时，却没有卖出一辆车。可是亨利·亚兰能够把我们大多数人在失败的情况下所感觉到的消极和恐惧，都化作了义无反顾的勇往直前，并且取得了成功。亨利·亚兰也由此成了克莱斯勒公司的最佳销售员，并被提升为销售经理。

——摘自《气场的惊人力量》

那些真正的成功者，无一不是勇于冒险，不畏惧失败的人，他们有足够的勇气在希望的召唤下，爬起来重新踏上征程。

《圣经》上有这样一段话："凡听了我这些话而实行的，就好像一个聪明人，把自己的房屋建在磐石上：雨淋、水冲、风吹，那座房子并不坍塌，因为基础是建在磐石上；凡听了我这些话而不实行的，就好像一个愚昧人，把自己的房屋建在沙土上：雨淋、水冲、风吹，那座房子就坍塌了，且坍塌得很彻底。"有信心却不行动，是不能成就任何事的。正如《圣经》上所说："只有信心而不付诸行动，无异于无信心。"这是千古不变的真理。所以，如果你对自己有信心，那么就勇敢地付诸行动吧。

美国著名的成功学大师马克·杰弗逊说："一次行动足以显示一个人的弱点和优点，能够及时提醒此人找到人生的突破口。毫无疑问，那些成大事者都是勤于行动和巧妙行动的大师。在人生的道路上，我们需要的是用行动来证明和兑现曾经心动过的金点子！"

勇敢行动起来，不要有任何的迟疑。要知道世界上所有的计划都不能帮助你成功，要想实现理想就得赶快行动起来。成功者的路有千条万条，但是行动却是每一个成功者的必经之路，也是一条捷径。

森尼在大学毕业后如愿以偿地到了当地的《明星报》任记者。这天，他的上司交给他一个任务：采访大法官布兰代斯。

第一次上班就接到如此重要的采访任务，森尼不是欣喜若狂，而是愁眉不展。他想：自己任职的报纸又不是当地的一流大报，自己也只是一名刚刚出道的小记者，大法官布兰代斯怎么会接受我的采访呢？同事克尔知道他的苦恼后，拍拍他的肩膀，说："我很理解你。让我来打个比方吧，你现在好比躲在阴暗的房子里，然后想象外面的阳光多么炙热。其实，最简单有效的方法就是往外跨出一步。"

克尔拿起森尼桌上的电话，查询布兰代斯的办公室电话，很快，他与大法官的秘书接通了电话。接下来，克尔直截了当地提出了他的要求："我是《明星报》新闻部记者森尼，我奉命采访法官，不知他今天能否接见我？"站在旁边的森尼听了吓了一跳，克尔一边打电话，一边向目瞪口呆的森尼扮鬼脸。接着，森尼听到了他的答话："谢谢你。明天1点15分，我准时到。"

"瞧，直接向他说出你的想法，一切问题就都解决了。"克尔向森尼扬扬话筒，"明天中午1点15分，你的约会时间不要忘了。"一直在旁边看着整个通话过程的森尼面色平缓了许多，他终于明白，有许多事情其实很简单，只是自己把它想得过于复杂了，因此也就丧失了机会。

——摘自《别把困难在想象中放大》

罗斯福说过，我们唯一需要害怕的是害怕本身。恐惧的那些东西只不过是因为自己心中的畏怯，这导致我们在做一些新的事情时就会犹豫不决，会考虑失败了会怎样，我们把大部分的时间都放在往坏处想了。其实，只要转换一下思路，勇敢去行动就可以了，只要你行动了就有可能成功，但是如果你一直思前想后，左顾右盼而不付诸行动，那么就永远不可能成功了。

勇敢行动的人才会无往而不胜。只有勇敢地付诸行动，才能把一个个奇迹变成现实，把一个个不可能变为可能。所以，从现在开始，让我们不要再畏首畏尾，拿出非凡的勇气和不达目的决不罢休的气势，去积极行动闯天涯吧！

咬紧牙关，一切都会好起来

英国哲学家埃德蒙·伯克说："逆境是一位严厉的老师，它指派一个比我们更了解自己的人来管理我们，就像他也更爱我们一样。他与我们进行角力，来加强我们的勇气，磨炼我们的意志，增强我们的智慧。"

我们应当有像棕榈树一样的坚强性格，似乎越是在逆境中，生命力越是旺盛。有时候，在与逆境交战中我们之所以能成为胜利者，就是因为逆境促使我们去发挥自己的潜力，直到最终取得胜利。人最大的敌人就是自己，要克服困难和恐惧只有靠自己。"相信自己，我能行。"

人只有在逆境中生存才能迸发出超强的生命力。因为人都是有惰性的，当我们处于逆境中的时候，千万不能轻言放弃。在逆境中，无论什么时候对于我们来说都是一种极限的挑战。因此，我们只要坚持不懈，就一定会从逆境中走出来，而且会创造出更美好的明天。

一个刚从哈佛大学毕业的女孩子对父亲抱怨她的生活，抱怨事事都那么艰难。她不知该如何应付生活，想要自暴自弃了。她已厌倦生活和事业，好像一个问题刚解决，新的问题就又出现了。

她的父亲是一位厨师，为了改变女儿的生活态度，父亲把她带进厨房。他先往三只锅里倒入一些水，然后把它们放在旺火上烧。等到水烧开了，他往一只锅里放些胡萝卜，第二只锅里放些鸡蛋，最后一只锅里放入粉末状的咖啡豆。父亲把这些事情都做好以后，一句话也没有说。

女儿不耐烦地等待着，琢磨着父亲在做什么。大约20分钟后，父亲把火关了，然后把胡萝卜捞出来放入一个碗内，把鸡蛋捞出来放入另一个碗内，最后把咖啡舀到一个杯子里。做完这些后，他才转过身问女儿："亲爱的，你看见什么了？""胡萝卜、鸡蛋、咖啡。"她回答。父亲让女儿靠近些并让她用手摸摸胡萝卜，她摸了摸后注意到胡萝卜都变软了。父亲又让女儿拿一只鸡蛋并打破它，她将壳剥掉后，一只煮熟的鸡蛋露了出来。最后，父亲让她喝了咖啡，品尝到香浓的咖啡，女儿笑了。她怯生生地问道："父亲，您做这些是要告诉我什么？"

他解释说，这三样东西面临同样的逆境——煮沸的开水，但其反应却不相同。胡萝卜入锅之前是强壮的、结实的，毫不示弱，但进入开水之后，它变软、变弱了。鸡蛋原来是易碎的，它薄薄的外壳保护着它呈液体的身躯，但是经开水一煮，它就变硬了。唯独粉状咖啡豆很独特，进入沸水后，它们改变了水。"你想做哪一个呢？"父亲问女儿，"当逆境找上门来时，你该如何反应？你是胡萝卜、是鸡蛋、还是咖啡豆？"女儿恍然大悟，她也体会到了父亲的良苦用心。

你呢，你是看似强硬，但遭遇痛苦和逆境后畏缩了，变软弱了，失去了力量的胡萝卜吗？你是内心原本可塑的鸡蛋吗？你原来是个性情不定的人，但经过死亡、分手、离婚或失业，是不是变得坚强了？你的外壳看似从前，但你是不是因有了坚强的性格和内心而变得严厉、强硬了？或者你像是咖啡豆，改变了给它带来痛苦的开水，并在它达到高温时让它散发出最佳的香味。水最烫时，它的味道反倒更好了。

——摘自《有效沟通的十个哲理故事》

逆境，也就是不顺利的环境。人生在世不论干事业，还是过日子，都盼望着一帆风顺，遇到一个顺心可意的环境。然而，从长远看，这却是不大可能也不太现实的事。因为，事实上逆境经常像影子一样追随着大家，并不时固执地显露出来给人们以困扰。无数的事实证明，一个人一辈子都一帆风顺的事似乎是没有的。

从某种意义上说，逆境也是机遇。逆境是磨刀石，它可以砥砺人们的品格、才气和胆识，可以激发人们奋发向上的毅力和勇气。有位哲人说过："人们最出色的工作，往往得在处于逆境的情况下才能做出。思想上的压力，甚至肉体上的痛苦，都会成为精神上的兴奋剂。"比如谈到事业，我们常说并坚信"前途是光明的，道路是曲折的"，这也表明，到达光明前途的道路充满着困难、挫折和坎坷，身处逆境是经常发生的事。很多时候，只要在你面对逆境时，坚持下去，那么生命中最大的危机常常会成为最大的转机。

安徒生于1805年4月2日生于丹麦菲英岛欧登塞的贫民区。父亲是个穷鞋匠，曾志愿服役，抗击拿破仑·波拿巴的侵略，退伍后于1816年病故。当洗衣工的母亲不久即改嫁。安徒生从小就为贫困所折磨，先后在几家店铺里做学徒，没有受过正规教育。

少年时代，他对舞台发生兴趣，幻想当一名歌唱家、演员或剧作家。1819年在哥本哈根皇家剧院当了一名小配角，后因嗓子失声被解雇。从此开始学习写作，但写的剧本完全不适宜演出，没有为剧院所采用。

1822年得到剧院导演约纳斯·科林的资助，就读于斯莱厄尔瑟的一所文法学校。这一年他写了《青年的尝试》一书，以威廉·克里斯蒂安·瓦尔特的笔名发表。这个笔名包括了威廉·莎士比亚、安徒生自己和司各特的名字。

1827年，安徒生发表第一首诗《垂死的小孩》。1829年，他进入哥本哈根大学学习，他的第一部重要作品《1828和1829年从霍尔门运河至阿迈厄岛东角步行记》于1829年问世。这是一部富于幽默感的游记，颇有德国作家霍夫曼的文风。这部游记的出版使安徒生得到了社会的初步承认。此后他继续从事戏剧创作。

1831年他去德国旅行，归途中写了旅游札记。1833年去意大利，创作了一部诗剧《埃格内特和美人鱼》和一部以意大利为背景的长篇小说《即兴诗人》(1835)。小说出版后不久,就被翻译成德文和英文,标志着作者开始享有国际声誉。

——摘自《逆境成才的故事》

逆境虽非好事,但锻炼了人才,也蕴藏着摆脱困扰而再前进的机遇。对一个人来说,逆境就是"清醒剂",总要有些逆境的遭遇才好,否则极易陷入消沉麻木的境地而失却了激进的锐气。然而,逆境并不保证你会得到完全绽放的胜利花朵,它只提供胜利的种子,你必须找出这颗种子,并以明确的目标,给它养分,并栽培它;否则,它不可能开花结果。成功正冷眼旁观那些企图不劳而获的人。因此,当你遇到挫折时,切勿浪费时间去想你受了多少损失,而应看你从挫折中可以学到什么。你会发现,你所得到的比你所失去的要多得多。

很多有目标有理想的人,他们工作,他们奋斗,他们用心去思考……但是由于困境过多,他们越来越倦怠、泄气,最终半途而废。怎样才能培养不放弃,打不败的心态?办法之一就是要坚持,因为如果你产生放弃的念头,你可能会说服自己去接受失败。在逆境中,我们会经受各种考验与锤炼,百炼成钢,成就我们非凡的意志、品质并提升我们的能力。学会在逆境中坚持,坚信自己能走出黎明前的黑暗,以无限的热情去迎接曙光。

我们常可以看到,在缝纫和刺绣时,在暗淡的底色上布局一些颜色鲜明的花,比在鲜艳的底色上安排一种暗淡的花更悦目。眼睛尚且如此,心灵更是可想而知了。你应把挫折看作是思想意志和奋斗目标的纽带,让它影响你的思想、磨练你的意志。果真如此,它就能调控你对逆境的反应,并能使你继续为目标而努力。

逆境的改变,往往产生于再坚持一下的努力之后。在为梦想奋斗的过程中,我们常常会遇到各种危险情景,却又无能为力,唯一的办法就是咬紧牙关坚持,相信一切都会好起来。

让平凡的生活焕发出不平凡的光彩

在我们的人生路上,总是经历无数的选择,在每一个决定人生去向的转折点,都有着很大的风险。虽然眼前可能有几条路,可选择哪一条都是一种冒险,一种尝试。如果选择原地不动,那就等于放弃,等于失败。只有走出去,才会有收获,才会进步。

很多人都有贪图安逸、原地不动的习惯,殊不知这是成功路上最大的绊脚石。养成了这种习惯,意味着你主观上对成功的放弃,要么你半途而废,一事无成;要么你小有成就而自沾自喜,终究成就不了大业,只能选择一条平庸之路走到人生的尽头。与此相反,就是勇于冒险,一个有冒险勇气的人,并不是说他没有恐惧,而是指他有克服恐惧的力量。只有具有这种力量的人才能成就一切。

1859年,美国的安德鲁—克拉克石油公司公开拍卖股权,其底价是500美元。洛克菲勒和他的合伙人也参与了拍卖。当价格攀升至5万美元时,人们都认为这个价格实在是大大超出了石油公司的价值,于是洛克菲勒的对手们纷纷退出。但洛克菲勒却下定决心买下这家公司,最后以5万美元的价格成交。在当时,石油的开采和出售都是具有很大风险的,人们都认为洛克菲勒的举动很不明智。但不久以后,洛克菲勒的标准石油公司就占据了美国市场上全部炼制石油90%的份额。正是那5万美元的石油生意为洛克菲勒的石油帝国打下了坚实的基础。

事后，每每想起那次拍卖现场的情景，洛克菲勒都激动不已。他回忆说："那种感觉就像在赌场上一样，让人惊心动魄，全神贯注。那是一场豪赌，我押上去的是金钱，赌出来的却是人生。"其实，洛克菲勒在竞拍的过程中也曾犹疑退缩，但是胜利的决心促使他很快镇定了下来，并告诫自己："不要畏惧，既然下了决心，就要勇往直前！"事实证明，这次冒险奠定了他的成功之路。

——摘自《想成功就要敢于冒险》

著名经济学家斯通指出："生命是一个奥秘，它的价值在于探索。因而，生命的唯一养料就是冒险。"是的，生命从本质上来说就是一次探险，如果不能主动地迎接风险的挑战，便只能被动地等待风险的降临。

一个不愿冒任何风险的人，只有什么也不做。当然，到头来，什么也没有，什么也不是。

鸵鸟在遇到危险的时候常常行掩耳盗铃之举——把自己的头藏于沙土中获得心灵上的解脱。尽管我们意识到许多事情都无法躲避，需要坚强地面对，但是，许多人在内心深处依然留存着逃避的想法。

其实，困难和风险也是欺软怕硬的，你强他就弱，你弱他就强。不愿意冒风险的人，不敢轻易做决定，因为他们怕冒显得愚蠢的风险；他们不敢向他人伸出援助之手，因为要冒被牵连的风险；他们不敢希望，因为要冒失望的风险；他们不敢尝试，因为要冒失败的风险……

事实上，能在事业上闯出成就的人都是具有冒险精神的人。

当你喝着可口可乐时，你可知道，这个巨大的饮料帝国的财富和影响力，乃是由一个年轻店员——阿萨·坎德勒冒险而来的。

许多年以前，一位年迈的乡下医师驾车来到美国某镇上。他拴好了马，便悄悄地从药房的后门进入里面，开始与一位年轻的店员谈生意。

在配方柜台的后面，这位老医师与那位年轻店员低声谈了一个多小时，然后走了出去，到他的马车上取出一把老式的大壶及一块木质的板子

（用来在壶里搅拌的），把它们放在药店后面。店员检查了大壶之后，便从自己的店里拿出全部积蓄。

老医师于是又递过一小卷纸，上面写的是一个秘密公式。这个小纸卷上的公式和文字，现在看来价值应高达当时一个皇帝的赎金，那里面记载着令人难以置信的财富。

老医师很高兴地把那一套物品卖了500美元，年轻店员则冒了很大的风险，他把多年的储蓄都花在这一小卷纸和一把旧壶上了。

当年轻店员把一种新成分与秘密公式的配方混合以后，逐渐形成了一个庞大的帝国。它雇用了与陆军同样多的职员，影响波及世界各地，而这个帝国的所有人就是阿萨·坎德勒。

——摘自《像富人一样思考》

当然，这里说的冒险并不是像赌徒那样，完全把宝押在"运气"上。冒险不是靠碰运气，而是靠理智。倘若一点可能性也没有，就冒失轻率地干起来，这就不是冒险，而是盲动，有时简直近于自杀。冒险要建立在科学分析、理智思考和周密准备的基础之上。

敢于冒险，就要坚决摒弃甘居平庸的心理。人生，应当如大海的波涛，既有高高的波峰，又有深深的波谷，在连绵不断的起伏跌宕中谱写激昂的人生之歌。没有风浪，平静如一潭死水的生活，又有多少荡人心魄的力量，有多少可以引为自豪的成分呢？对于会闯的人来说，"无险不足以言勇"。因此，一个真正的强者，厌恶平淡无奇的生活，他们渴望冒险，希望在生活中掀起巨浪，喜欢充满传奇色彩的生活。从这个意义上说，敢不敢冒险，正是区别强者和弱者的标志之一。

其实，既然活在这个充满风险的残酷世界，我们就必须谨记："唯有敢于冒险，才能拥有成功。"让我们丢弃懦弱，丢弃犹豫，为了辉煌的未来，勇敢地去挑战风险吧，唯有如此，才能让平凡的生活中焕发出不平凡的光彩！

搭乘"机遇"的快车

在生活中,很多人都在守株待兔地等待机会的出现,结果日复一日,机会从来都没有到来。其实,机会是要靠自己主动创造的,只要你有所行动,机会便随之而来。纵观古今中外的成大事者,我们就会发现,他们之所以获得命运的青睐,是因为他们能牢牢抓住机遇。

机遇只偏爱那些为事业的成功作了最充分准备的人。只有做事有雄心的人才懂得积累实力,而当他们自身的实力积累到一定程度时,机遇便会自动登门拜访。如果机遇可以被每个人轻而易举地抓到,尤其是那些做事毫无"手腕"、得过且过、甘愿平庸的人,那么这种机遇便显得没有多少价值了。

的确,只有爱思考、敢于冒险和行动且做事有雄心的人,才能获得机遇。曾经有人问洛克菲勒:"您成功的秘诀是什么?"他说:"重视每一件小事。我是从试图节约一滴焊接剂做起的,对我来说,点滴就是大海。"

曾经有一位年轻人,在一家石油公司里谋到了一份工作。开始时,他的本职工作是检查石油罐盖是否焊接得严密,以确保石油被安全地储存。每天,青年都会上百次地监视着同一道工序。首先是石油罐通过输送带被移送至旋转台上,然后焊接剂自动滴下,沿着盖子旋转一周,最后,油罐下线入库。他的任务就是监控这道工序,从清晨到黄昏,得检查几百罐石油，每天如此。这的确是一份非常简单而又枯燥的工作。

时间长了，青年觉得很不平衡：我那么有创造性，怎么能只做这样的工作？于是便去找主管要求换工作。没料到，主管听完他的话，只是冷冷地回答了一句："你要么好好干，要么另谋出路。"那一瞬间，他涨红了脸，真想立即辞职不干了。但考虑到一时半会也找不到更好的工作，于是只好忍气吞声地又回到了原来的工作岗位。

回来以后，他突然有了一个想法：我不是有创造性吗？为什么就不能从这个平凡的岗位做起呢？

工作了一段时间后，青年人在机器百次重复的动作中，注意到了一个非常有意思的细节——他发现罐子每旋转一次，焊接剂一定会滴落39滴，但总会有那么一两滴没有起到作用。他突然想到：如果能将焊接剂减少一两滴，这将会节省多少焊接剂？于是，他经过一番研究，研制出了"37滴型"焊接机，但是用这种机器焊接的石油罐存在漏油的问题。他并不灰心，很快又研制出了"38滴型"焊接机。这次的发明既解决了漏油问题，同时每焊接一个石油罐盖都会为公司节省一滴焊接剂。虽然节省的只是一滴焊接剂，但每年给公司节约了5亿美元的成本。

许多年后，青年人成了世界石油大王——洛克菲勒。

——摘自《如何负起责任》

从某种意义上讲，机遇是创造出来的。主观方面条件的增强会影响到客观环境的变化，使好的机遇更容易产生。同样，当一定的客观机遇出现后，那些有准备的人则要较之常人更容易接近和抓住这些机遇。

许多成大事者就是创造机遇的高手，他们总是在努力，总是在奋斗，开始时他们是在找寻机遇，而一旦当他们自身的实力积累到一定的程度时，机遇便会自动登门拜访。而且，随着他们自身才能的不断提高，知名度的不断增加，其所面临的发展机遇也会相应地增多。可以说，没有他们的主观努力，就不会有这么多的好机遇。从这个角度上说，机遇是那些有准备的人创造出来的，是对其努力的一种肯定和回报。

王冠在初中毕业后，思索了很久，最后决定先回到自己那贫困的山村里。他知道自己仅是一个初中生，又没有背景，很多人觉得他这辈子也不会有什么大出息。但他却并没有这么想，他觉得要想方设法为自己创造发展机遇。

经过再三的思考，王冠到村里做了通讯员，这样，既能从最基层做起，积累自己人生的经验，又可以因为工作的关系结识较多的人，从而帮助自己从这近于封闭的山里走向外面的天地。于是他找到了村里的支书，多次恳求，讨到了通讯员这个别人未必看好的差事，然后勤勤恳恳地干活，该做的做好，不属于他做的事他见到了也努力地做好，很快就得到村与镇两级领导的赏识。

后来，他又赶上了发展经济的好时候，在工作中他学到了许多有用的东西，开阔了视野，掌握了很多的信息。

过了两年，他被任命为村支书，机遇之神终于垂青于他。于是他带头致富，尔后又利用自己的经验带领全村的人走向富裕之路。现在他已拥有多家企业，而且深受各级政府的好评，成了颇有名气的成功人士。

——摘自《为自己创造机遇》

像王冠这样白手起家，脚踏实地替自己打开发展局面的事情，我们并不难做到，那么我们又有什么理由因为自己起点低而悲观绝望，不去改变自己的命运呢？

如果机遇可以被每个人轻而易举地得到，那么这种机遇便显得没有多少价值了。事实上，机遇往往是一种稀缺的、条件苛刻的社会资源，要得到它，必须要付出相当的代价和成本，必须具备相应的足以把握它的能力，而这一切都离不开长期艰苦的准备。这就是机遇为什么更偏爱有"准备的头脑"的原故。

虽然命运有时是不公平的，让那些毫无准备的人获得了某种机遇，但从长远来看，这些人很少能有所建树。在当代名人的成功史上，无不记载着他们为迎接机遇所做的种种准备。

命运常捉弄人，由于客观原因的限制，并不是每个人都能从事自己喜爱的职业。当面临这种情况时，有人将之视为不幸，而有人却将之视为机遇。那些善于"把不幸也当作一种机遇"的人，一旦无法从事自己喜爱的职业时，他们就能重新调整自己的人生目标，既不怨天尤人，也不消沉沮丧，而是以"既来之，则安之"的心态，干一行，爱一行，把精力投入到所从事的新领域，从而开创出一番崭新的事业。

我们发现，以上这种"把不幸也当作一种机遇"的积极人生态度，也是成功者之所以成功的一大秘诀。许多成功者不仅是捕捉机遇的能手，而且还有创造机遇的能力。

有的人一生中有过许多好的机遇，但他们不懂得充分利用这些机遇，结果丧失了使自己的事业"更上一层楼"的机会。也有的人抓住了机遇，但是并未理解到这一机遇的全部内涵，因此他们有可能取得一定的成功，但仍不免留下诸多遗憾。的确，只有在平日充分准备的人，才能在生活中细心观察，搭乘上"机遇"的快车，实现自己心中的梦想。

你就是自己的幸运星

每个人都希望自己能成功,每个人都希望获得成功的秘诀,可是成功并不像人们想象的那么简单。虽然人们总幻想着美好的事情会发生,但其实所有的成功都是努力奋斗的结果。如果我们不能坚持不懈地努力奋斗,那么成功的大门也就不会轻易地开启。除了坚持不懈,永不放弃,成功并没有其他的秘诀。

炎热的夏季,雄蝉常常伏在树干上,不停地振动鼓膜,发出嘹亮的鸣叫声,为的是引雌蝉来与它交尾,它的急切的鸣叫,似乎释放着自己重见天日的快乐。

因为,它们要在地底下潜伏很长时间,少则一年,多则17年,才能钻出泥土,从蝉蜕里挣脱出来。雄蝉的腹下有一对"膜",可以振动发出尖锐的声音,吸引雌蝉。

雌蝉在交配后爬上桑、柳等树的树枝上,用有锯齿的产卵器刺入这些嫩枝的皮层内,随即将卵产在里面,一边爬、一边不停地刺,一直到将卵产完为止。

这时,产完卵的雌蝉已精疲力尽,不久就会死去。卵就依靠太阳的温暖而自己独自进行发育和孵化,当幼虫孵出以后,遗留下来的一层薄而脆的外皮会形成一条细丝,常将幼虫倒挂在半空中。

不久，幼虫降落到地面上，又钻入树根周围的泥土中去，继续发育和成长。再经过两三年，或者更长时间，幼虫经历了六次的蜕皮，才会变成"拟蛹"的形式出土，它们出土之后又一次爬上树干，经过最后一次蜕皮之后，才能变为真正的成虫。

后来，卵又孵化，成小虫，落在地上，钻进土里，靠树根的养分过活，开始漫长的等待，有的一年，两年，最长的达17年。

天哪！你能想象得到，它们等了17年。真正能飞、能鸣的日子居然不过1个月吗？

——摘自《不懈追求，永不放弃》

看了蝉的故事，我们还觉得有什么不能坚持的吗？所以，在我们遇到困难的时候，莫焦躁、莫惊慌、莫灰心，学会沉着冷静，只要坚持下去，就会获得最后的胜利。7天嘹亮的歌声来自17年沉潜酝酿，生命像一粒种子，只有今生才能耕种，把握今生今世！持之以恒、永不放弃是所有有"野心"成大业者的共同个性特征。他们不管遇到多少艰难险阻，不管遇到多少反对的声音，总会矢志不渝地坚持下去。

辛苦的工作不会使他们烦恼，恶劣的处境不会使他们气馁，反复的探索不会使他们厌倦，迷人的诱惑不会使他们动摇，无情的打击不会使他们改变。"不懈追求，永不放弃"已经成了他们生命中的一部分，只要生命不息，他们就奋斗不止。

尼克松说过："我不怕失败，因为我知道还有未来。"我们应该学习"永不放弃"的精神，让它成为我们梦想的支撑。当我们下定决心为自己的梦想而奋斗的时候，就一定要坚持到底，永不放弃。若只是浅尝辄止，畏惧退缩，在失败还没来临之前，就自暴自弃，破罐子破摔，那么将会永远与成功无缘。

一天，一家大公司要裁员，在名单中出现了丽丝尔和哈根里，按规定一个月之后她们必须离岗，当时她俩的眼眶就红了。

第二天上班之后，丽丝尔的情绪非常激动，跟谁都没有什么好气，仿佛吃了枪药。她不敢找老总去发泄,于是就跟主任诉冤,找同事哭诉:"凭什么把我裁掉?我干的好好地……这对我来说太不公平了!"

她声泪俱下的样子,让人既同情,又不知该怎样劝慰她,而她也只顾着去诉苦,以至于她的分内工作:订盒饭、传送文件、收发信件都不再过问了。

以前的她,其实是一个十分讨人喜欢的人,但现在的她每天都处于一种低气压状态,周围的人都开始有些怕和她接触,躲着她,到后来甚至有点厌烦她了。

哈根里则与她不同,在裁员名单公布后,虽然也哭了一个晚上,但第二天一上班,她就和以往一样地干开了。由于大家都不好意思再吩咐她做什么,她便主动向大家揽活。面对大家同情和惋惜的目光,她总是笑笑说:"是福跑不掉,是祸躲不过。反正都这样了,不如干好最后一个月,以后想干恐怕都没有机会了。"每天,她仍然非常勤快地打字复印,随叫随到,坚守在自己的岗位上。

一个月后,丽丝尔如期下岗,而哈根里的名字却从裁员名单中删除了。主管当众传达了老总的话:"哈根里的岗位谁也无法替代,哈根里这样的员工,公司永远不嫌多!"

——摘自《如何实现自我提升》

要想成就一番事业,就要敢于坚定不移地迎接挑战。我们要敢于让自己的决心坚定得像高山一样,失望沮丧的情绪不能动摇它,别人的冷嘲热讽不能削弱它,即使外界的艰难险阻也不能阻挡它!在与困难的斗争中,我们会不断强大起来。最后,就连自己都会为自身如此迅速的成长而感到惊讶。反之,如果我们一遇到困难就忍不住畏惧退缩的话,我们的自信与勇气也会随之逐渐消失,那么,我们永远就不可能获得成功。

所以,在追求梦想的道路上,无论遇到什么样的困难,我们都要咬牙坚持下去,成功总是来之不易,因此我们才要做自己的"lucky star"!

第三章

你不勇敢，没人替你坚强

有句话说的好：靠山山会倒，靠人人会跑。在这个社会中，我们有时候谁都指望不上，只能依靠自己。所以，无论面临怎样的困境，无论面临怎样的难题，我们必须学会勇敢，因为我们不勇敢，没人替我们去坚强。最后，所有的事还得自己来扛。

勇敢面对，发现生活另一种美

在生活中，人们总是本能地排斥各种缺憾，但总是有很多人躲不开缺憾的纠缠。历史在缺憾中堆积，日月在缺憾中交替，生命在缺憾中老去。我们总想活在没有缺憾的世界，可是没有了缺憾的世界会是怎样的呢？没有了月缺，夜夜圆月当空，会不会是一种单调？没有了风霜雨雪，天天艳阳高照，会不会是一种乏味？没有了悲伤，我们还到哪儿去体会快乐的价值？没有了苦难，我们怎么明白幸福存在的意义呢？

有一首歌中唱道："寂寞让我如此美丽。"我要说："缺憾让我们如此美丽。"寒冷让我们拥抱温暖，黑夜让我们追逐光明，孤独让我们感恩爱情，缺憾让我们这个世界多姿多彩。没有了缺憾，我们听不到梁祝化蝶的千古绝唱；没有了缺憾，我们无法感悟"帘卷西风，人比黄花瘦"的意境；没有了缺憾，维纳斯的断臂怎能带来美妙的遐想；没有了缺憾，梵高的《向日葵》怎能怒放得轰轰烈烈？

其实，如果我们懂得正视缺憾，就会发现它是一种独特的美丽，它是完美存在的土壤。包容缺憾，就是包容整个世界；尊重缺憾，就是尊重每一个生命。战胜缺憾，才能让自己拥有更美好的人生！

张海迪，1955年出生在山东半岛文登县的一个知识分子家庭里。5岁的时候，胸部以下完全失去了知觉，生活不能自理。医生们一致认为，像这种高位截瘫病人，一般很难活过27岁。在死神的威胁下，张海迪意识到自己的生命也许不会长久了，她为没有更多的时间工作而难过，更加珍惜自己的分分秒秒，用勤奋的学习和工作去延长生命。她在日记中写道："我不能碌碌无为地活着，活着就要学习，就要多为群众做些事情。既然是颗流星，就要把光留给人间，把一切奉献给人民。"

1970年，她随带领知识青年下乡的父母到莘县尚楼大队插队落户，看到当地群众缺医少药带来的痛苦，便萌生了学习医术解除群众病痛的念头。她用自己的零用钱买来了医学书籍、体温表、听诊器、人体模型和药物，努力研读了《针灸学》《人体解剖学》《内科学》《实用儿科学》等书。为了熟悉针灸穴位，她在自己身上画上了红红蓝蓝的点儿，在自己的身上练针体会针感。功夫不负有心人，她终于掌握了一定的医术，能够治疗一些常见病和多发病，在十几年中，为群众治病达1万多人次。

后来，她随父母迁到县城居住，一度没有安排工作。她从保尔·柯察金和吴运铎的事迹中受到鼓舞，从高玉宝写书的经历中得到启示，决定走文学创作的路子，用自己的笔去塑造美好的形象，去启迪人们的心灵。她读了许多中外名著，写日记、读小说、背诗歌、抄录华章警句，还在读书写作之余练素描、学写生、临摹名画、学会了识简谱和五线谱，并能用手风琴、琵琶、吉他等乐器弹奏歌曲。之后，她的作品《轮椅上的梦》问世，在社会上引起了强烈反响。

有一次，一位老同志拿来一瓶进口药，请她帮助翻译文字说明，可她不会英语，看着这位同志失望地走了，张海迪便决心学习英语，掌握更多的知识。从此，她的墙上、桌上、灯上、镜子上、乃至手上、胳膊上都写上了英语单词，还给自己规定每天晚上不记10个单词就不睡觉。家里来了客人，只要会点英语的，都成了她的老师。经过七八年的努力，她不仅能够阅读英文版的报刊和文学作品，还翻译了英国长篇小说《海边诊所》，当她把这部书的译稿交给某出版社的总编时，这位年过半百的老同志感动得流下了热泪，并热情地为该书写了序言：《路，在一个瘫痪姑娘的脚下延伸》。

　　以后，张海迪又不断进取，学习了日语、德语和世界语。海迪还尽力帮助周围的青年，鼓励他们热爱生活、珍惜青春，努力学习为人民服务的本领，为祖国的兴旺发达献出自己的光和热。不少青少年在她的辅导下考取了中学、中专和大学，不少迷惘者在与她的接触中受到启发和教育变得充实和高尚起来。张海迪凭着自己的毅力，在轮椅上唱出了属于自己的生命之歌！

——摘自《身残志坚的张海迪》

　　缺憾让张海迪增强了奋斗的动力，她凭着坚韧的毅力，为自己带来了人生的转机，成就了她一生的美好。事情往往如此，越是有缺陷的地方，越容易激发勃勃的生机。

　　上帝并没有创造一个标准的人，我们每一个人都如同是被上帝咬了一口的苹果，都是有缺陷的。不过，有的人缺陷可能大些，那是因为上帝特别喜欢他的芬芳。

　　美国第26任总统西奥多·罗斯福8岁的时候，有着一副非常"抱歉"的面孔，一副暴露在外、参差不齐的牙齿，那种畏首畏尾的神态，不管是谁见了都觉得好笑，甚至嘲笑。当他在教室里被老师唤起来背书时，更显得局促不安，他的呼吸急促得好像快要断了气，两腿站在那里直发抖，牙齿也颤动得像要脱落下来一样。他背出的句子含糊不清，几乎没人听得懂，背完后，便颓然坐下，就像是个疲惫不堪的战士。

　　也许你以为他一定会性格内向、文静怕动、神经过敏、不喜交际、常常自怨自艾，恰恰相反，他并没有因为自己的种种缺陷而气馁，反而因为有了这些缺陷，他加快了自己奋斗的脚步，这种奋斗并不是谁都能做到的。他经过长期的锻炼和学习，把那常常被人鄙视的气喘改成一种"沙沙"的声音，把内心的畏缩改成自信的行动。

　　缺陷造就了罗斯福一生的奋斗精神，这无疑是他经营一生伟业最可贵的资本。绝不把自己看作一个懦弱无能的人，当他看见别的孩子在操场上嬉笑、跳跃、东奔西跑、做着种种激烈的运动时，他也踊跃参加，从不退缩。他也能和大家一样骑马、赛球、游泳、竞走，而且常常名列前茅，并成为业余的运动家。他常常以那些坚定勇敢的孩子们为榜样，自己也常常体验冒险活动，勇敢地对付种种恶劣的环境。当他和别人在一起时，他总是用亲密和善的态度去对待任何同伴，主动与他们接近。这样一来，他即使有着内向的自怜心理，也被自己的行动克服了。他深知上帝从来没有创造一个标准的人，只要自己心境舒坦快乐，一切都将顺利得好像预先安排好的一般。

在升入大学前，他就经常自我鞭策，用有节律的运动和说话，恢复了他的健康。他使自己一改以前的懦弱，变成精力超众、强健愉快的人了。他常常乘假期之暇，到亚历山大去追逐牛群、到洛杉矶去捕熊、到北洲去捉狮子，他那种勇敢强壮的姿态，谁还会想到他就是曾在学校里受窘的那个小学生呢？

——摘自《人生最美是淡然》

沙漠干旱无比，为植物的生存带来极大的危机，然而有一种植物，很像草，它顽强地生活在沙漠中，它的生命力很强，即使晒干多年后，再把这根草拿出来泡在水里24小时，它又会活过来。科学家们由此给这种普通的草取名为"沙漠玫瑰"，认为它是一种最美丽的植物。

人类也是如此，一个人的身上可能同时存在着缺陷和美丽。如果缺陷已经属于自己，我们就应该正确地面对它，不必太在意自己身体上的这种缺陷，把精力都放在自己该做的事上，并且积极进取，使自己更充实。人的一生或多或少都存在着缺憾，有残缺没有关系，怕的是不思进取，那样才是永远的缺憾。

对于身体的缺陷，我们可以在心灵上进行弥补，让自己更有内涵。我们无法使自己外貌完美，但我们绝对有能力使自己内心完美。我们要拥有一颗晶莹剔透、美丽善良的心，做一个开朗、善良的人。尽管生活有那么多的不美好，只要我们勇敢地接纳，正确地面对，何尝不能创造生活的另

只要你拥有梦想

培根说过:"奇迹多是从厄运中出现的。"贝多芬有耳疾,他却在听力尽失的时候完成了具有划时代意义的第三交响曲——《英雄交响曲》;爱迪生耳聋而成为了举世闻名的"发明大王"。

厄运与不幸的降临,并不意味尔后只能一事无成,除非我们缺少自信,在厄运面前选择了退缩。厄运能够扼杀天才,但更多的是造就人才。"厄运是达到真理的一条通路"。从某种意义上说,厄运和不幸也是我们所需要的。生活太顺利了,也是一种遗憾。

所以,当厄运和不幸降临在我们的身上时,我们没有必要去害怕,毕竟,生活不是梦,而是由我们自己托起的一片天。只要敢于和厄运作斗争,我们就是最终的胜利者!

自然界中的蜗牛是只小可怜虫,天生又长着一副肥美多汁的躯体,招来的天敌多如牛毛,几乎到了"谁见谁灭"的地步。尽管有硬壳的保护,但行动缓慢的蜗牛依然逃不过天敌的捕食。

在所有天敌之中,飞鸟最为可怕,它们拥有敏锐的视力、极快的速度和锋利的爪子,一刻不停地在空中盘旋搜索猎物。蜗牛只要离开树荫和草丛的庇护,就很容易被飞鸟发现,难逃被捕食的下场。

蜗牛过着提心吊胆的日子，85%的同类活不过生命中的第一年。可是，蜗牛家族非但没有灭绝，反而兴旺繁盛。科学家甚至发现，孤悬于南太平洋深处的圣查理岛，面积只有1500多平方米，离最近的岛屿也有将近2000公里，然而在这块与世隔绝的荒岛上，蜗牛却是唯一的常住居民。

蜗牛没有翅膀，更不会游泳，依靠自身力量根本无法来到圣查理岛，必须借助外力才能做到。令人惊讶的是，蜗牛旅行的奇迹正是拜飞鸟所赐。原来，飞鸟没有牙齿，不能撕咬和咀嚼食物，可又无力啄破蜗牛壳，只能将整只蜗牛囫囵吞下。飞鸟肚里漆黑一团，还散发着浓烈刺鼻的胃酸味，许多蜗牛扛不住，就从硬壳中缓缓舒展开柔软的身体，结果都葬身在消化液里。只有少数蜗牛屏住呼吸，任凭胃肠如何挤压和腐蚀，始终将壳闭得紧紧的。最后，仅剩15%的蜗牛能够熬出头，随着鸟粪排泄出体外，掉到地面上活了下来，扩散到包括圣查理岛在内的世界各个角落。

——摘自《沉住气厄运的筛子就会把你留下》

埃斯库罗斯所著的《被缚的普罗米修斯》一书中曾说："厄运在同一条路上漫游，时而降临于这个人，时而降临于另一个人。"由此可见，厄运是广泛存在的，而且它是不定期向世人投注的，我们谁也预料不到，下一刻会不会有厄运降临到自己的头上。既然如此，我们何苦还惧怕厄运呢？

有些人说，女人在厄运面前，是天生的弱者。其实，这根本没有道理，很多事实证明，在厄运面前，女人却可以比男人表现得更坚强。

不知道在大家的记忆中还有没有一位叫李慧珍的歌手？1998年，她曾凭借一首《在等待》一鸣惊人，可是，正处于事业高峰期的她，在2000年以后，却突然失踪了。原来那个时候，她患上了脑垂体肿瘤。当时，医生告诉她有两种治疗方法：做口腔手术，但她将从此失去动听的声音；伽马射线治疗，但是她会从此失去做母亲的权利。面对残酷的现实，李慧珍毫不犹豫地选择了后者。她说："因为我觉得没有任何事情能够抵抗住我对唱歌的向往。音乐是我生命中最重要的事情，我可以为了唱歌付出一切代价。"手术后，她主动要求与男友分手。因为男友是家中独子，为了深爱的人，即使有再多的爱与不舍也要放下。

可是，没过多久，厄运再次到来。她的父亲突然去世，奶奶和姑姑对她心生责怪，率众大闹灵堂。多年奔波劳累让她的身体全线崩溃。之后，她投身经纪人的行列。经过多年打拼后，李慧珍毅然重返她心爱的舞台。多年来的音乐梦想终于回到了原点。在别人都在听她的歌的时候，谁曾想到，她曾遭遇到的种种磨难，曾经承受的种种心酸？李慧珍最终还是战胜了厄运，向所有人证明了她的坚强。

——摘自《深海的孤单》

可能，有很多人会对她的选择表示不解，表示不赞同，毕竟，大多数女人一生最大的心愿就是孕育新生命。可是，每个人的追求不同，当命运向她宣告，必须将她的理想与心愿拿走一样时，她还是坚强面对了。或许，她的选择不一定是最正确的，但最重要的是她能够勇敢做出决定，并对自己的选择负责，然后在人生的路上勇往直前，永不妥协。如果当年她选择放弃唱歌，她就可以很快和男友结婚生子，过着安逸舒适的日子，成为一个幸福的小女人。可是她知道，她忍受不了不能唱歌的日子。如果那样选择了，她将来一定会后悔，会有遗憾。"幸福就是做爱做的事，用飞蛾扑火的方式。一辈子就只此一次，接近于完美的奢侈。"

无论遇到多大的困难，她都勇敢面对，独自承担。因为她深深地知道，在人生路上，任何人都帮不了自己，唯有靠自己。没有人可以对她的人生负责，除了她自己。没有人可以决定她的未来，除了她自己。没有人可以打败她，除了她自己。如果连她自己都向厄运低头了，那她就彻底被命运抛弃了，就彻底被厄运战胜了。于是，她选择了坚强，选择了远方，选择了风雨兼程。

面对厄运时，只有试着去迎战，才会有胜利的希望。在迎战的过程中，只有试着变得更加勇敢，才能走得更坚定。如果你在厄运到来时就放弃，那你就会成为十足的、真正的弱者，命运也会瞧不起你；但是，如果你能够勇敢地扬起头对抗厄运，那你最终必将战胜厄运，成为你命运的主宰。

李慧珍勇敢地向厄运张开双手，奋力搏击，所以才有今天的成就，而我们在生活中所遇到的困难绝大部分和她遇到的困难比起来根本算不了什么。但是，她却能够勇敢地面对，并且最终成功渡过难关。其实，抱怨没有任何作用，当厄运来临时，勇敢面对是唯一能解决问题的办法，如果你还想要明天！

你的第一天职，掌控好了吗

在这世上，每个人都是自己命运的主宰者，每个人都应该做自己命运的主宰者！"人"字，一撇一捺；一撇是顶天立地，一捺是脚踏实地；人分两种：男人和女人；人分两类：好人和坏人；人有两面：行动的和静止的……可是不管怎么说也不管怎么分类，人还是人，人在世间行走，主宰命运的还是你自己。脚下有路不停止，更需要心中有航向不迷路！

在以色列，一位行为学家在年轻的乞丐中搞了一次施舍活动，施舍物有3种：400新谢克尔（约合100美元）、一套西装和一盆以色列蒲公英。施舍过程中，行为学家搞了一个统计，统计结果是：近90%的乞丐要了400新谢克尔，近10%的乞丐要了西装，只有百分之零点几的乞丐要了蒲公英。10年后，这位行为学家对当初参加施舍活动的乞丐进行了跟踪调查，调查结果显示：要了新谢克尔的乞丐，至今基本仍为乞丐；要了西装的乞丐，大部分成了蓝领或白领；要了蒲公英的乞丐，全部成了富翁。

针对这个令人迷惑的调查结果，行为学家作了如下解释：要了新谢克尔的乞丐，在拿钱时，心中想到的是收获，这种只想收获，不想付出的人，只能永远是乞丐。

要了西装的乞丐，在拿西装时，心中想到的是改变。他们认为，只要改变一下自己，哪怕是稍微改变一下自己的形象，就有可能改变自己的一生。他们正是通过这种不断的改变，使自己由乞丐变成了蓝领或白领。

要了蒲公英的乞丐，在拿蒲公英时，心中想到的是机遇。他们知道，得到的这种蒲公英不是一般的蒲公英，它原产于地中海东部的沙漠中。它不是按季节舒展自己的生命，如果没有雨，它们一生一世都不会开花。但是，只要有一场小雨，不论这场雨多么小，也不论雨什么时候落下，它们都会抓住这难得的机遇，迅速推出自己的花朵，并在雨水蒸发干之前，做完受孕结籽传播等所有事情。要蒲公英的乞丐，之所以要蒲公英，就说明他们和蒲公英具有相同的品格，因此，他们就能抓住哪怕是一闪而过的机遇，通过自己的努力，而改变自己的命运。所以，他们最终都成为了富翁！

——摘自《做自己命运的主宰者》

真正的命运的主人是能够战胜病痛的，是不会向命运屈服的。你不是宇宙的主宰，但你是自己的主宰。你已经认识了你自己，深刻地了解了你自己，你就应该喜欢你自己，接纳自己的一切，进而将自己最好的一面呈现出来。你就是你，世上不会有第二个你，只要你够坦然地说："我就是这样的人"这就够好了。然后掌握好自己，发挥好自己，做自己的主宰。

"做自己的主宰！"这是一个新趋势。在西方社会，做自己的主宰已经是至高无上的价值观。

许多人会主动改善自己所处的环境，却没有想到要完善自我，于是他们的环境仍然没有改变。那些勇于接受命运考验的人，总是做自己思想和行动的主宰，从而实现自己心中的目标，这个道理放之四海而皆准。正像歌德所说："谁要游戏人生，他就一事无成。谁不能主宰自己，谁就永远是一个奴隶。"

很多人不能主宰自己。他们中有的把自己交付给了金钱，成了金钱的奴隶；有的为了权力，成了权力的俘虏；有的经不住生活中各种挫折与困难的考验，把自己交给了上帝。

真正能够主宰自己命运的，就不会成为金钱的奴隶，不会成为权力的俘虏，更不会丧失自我。他们能够在各种诱惑面前保持自己的本色，绝不丢失自己的本色。过于热衷于追求外物的人，最终可能会如愿以偿，但却会像差役一样把最重要的财富给丢了，那便是自己。

我们有权力决定生活中该做什么，不能由别人来代做决定，更不能让别人来左右我们的意志，而自己却成了傀儡。其实，只有自己最了解自己，别人并不见得比自己高明多少，也不会比自己更了解自身实力，只有自己的决定才是最好的。从现在起，做自己的主人，不要让命运来控制你。

如今已是百万富翁、同时还是受人爱戴的公共演说家米契尔曾经经历过两次可怕的意外事故，在这两次意外事故后，他的脸因植皮而变成一块彩色板，手指没有了，双腿如此细小，无法行动，只能瘫痪在轮椅上。

第一次意外事故是在机车上发生的，那一次事故把他身上六成五以上的皮肤都烧坏了，为此他动了16次手术。手术后，他无法拿起叉子，无法拨电话，也无法一个人上厕所，但以前曾是海军陆战队员的米契尔从不认为他被打败了，他对别人说："我完全可以掌控我自己的人生之船，那是我的浮沉，我可以选择把目前的状况看成是一个新的起点。"

结果如他所料，过了六个月后，他又能开飞机了！之后，米契尔为自己在科罗拉多州买了一幢维多利亚式的房子，另外还买了一架飞机及一家酒吧，后来他和两个朋友合资开了一家公司，专门生产以木材为燃料的炉子，这家公司后来变成佛蒙特州第二大私人公司。

在机车意外发生后的第四年，灾难不幸又降临了。米契尔驾驶的飞机在起飞时又摔回跑道，这一次事故把他的十二条脊椎骨压得粉碎，腰部以下永远瘫痪！那时候，他感叹地说："我不解的是为何这些事老是发生在我身上，我到底是造了什么孽？要遭到这样的报应？"

可是尽管如此，米契尔还是没有向这该死的命运屈服，他凭着自己的努力，使自己能够做到最大限度的独立自主。后来，他被选为科罗拉多州孤峰顶镇的镇长，以保护小镇的美景及环境，使之不因矿产的开采而遭受破坏。之后，米契尔没有停止努力，他积极地去竞选国会议员，他用一句"不只是另一张小白脸"的口号，将自己难看的脸重组成一项有利的资产。

尽管面貌骇人、行动不便，但他都没有放在心上。后来他开始试着泛舟，没过多久，他坠入爱河而且完成了自己的终身大事，也拿到了公共行政硕士，并持续他的飞行活动、环保运动及公共演说。

米契尔屹立不倒的正面态度使他得以在《今天看我秀》及《早安美国》节目中露脸，同时《前进杂志》《时代周刊》《纽约时报》及其他出版物也都有米契尔的人物特写。

米契尔说："我瘫痪之前可以做一万件事，现在我只能做9000件，我可以把注意力放在我无法再做的1000件事情上，或是把目光放在我还能做的9000件事上，告诉大家说，我的人生曾遭受过两次重大的挫折，如果我能选择不把挫折拿来当成放弃努力的借口，那么，或许你们可以用一个新的角度，来看待一些一直让你们裹足不前的经历。你可以退一步，想开一点，然后，你就有机会说：'或许那也没什么大不了的！'。"

——摘自《每天学点宽心的活法》

看了米契尔的故事就该明白，不论面对怎样的困难，我们都应该做自己命运的主人，不能任由命运摆布自己。当我们面对生活中不可避免的挫折、困难、病痛时，如果被打败，就只能让这些生活的绊脚石主宰了自己，整天专注于病痛的折磨上，使自己的日子只有痛苦，而没有快乐，那便是丧失了自我。能真正主宰命运的人，是能够战胜病痛的，是不会向命运屈服的。像达·芬奇、莫扎特、梵高等，都是我们学习的榜样，他们生前都没有受到命运的公平待遇，但他们没有屈服于命运，没有向命运低头，他们向命运发出了挑战，最终战胜了它，成了自己的主人，成了命运的主宰。

挪威大剧作家易卜生有句名言说："人的第一天职是什么？答案很简单：做自己。"既然如此，我们就要掌控好自己的天职，在充分认识自己的前提下，把握好自己的命运，实现自己的人生价值。只有这样，我们才能真正主宰命运，成为生活的真正主人。

不要害怕出身的贫穷

富兰克林曾说:"贫穷本身并不可怕,可怕的是自己以为命中注定贫穷或一定老死于贫穷的思想。一个人什么都可以选择,唯独出身没有办法选择,对于没有办法去选择的东西,我们能做的就是只有接受,但是这种接受万万不能成为我们不去奋斗的理由,否则我们只能永远活在这份贫穷之中。

从古至今,但凡成大事者,都有一颗克服贫苦、努力奋斗的心。试想一下,谁能一辈子坐享财富,而没有受到过一丝挫折呢?虽然生命与家境都是父母赐予的,但是我们的人生之路却是要自己一步一步走完。我们可以凭着自己的努力创造很多东西,而不是坐以待毙,抱怨他人,责怪命运。

北宋著名的政治家范仲淹在年轻的时候,就是一个很有志气的人。他说:"一个人如果不能读书、立大志,即使能吃饱喝足,生活舒适,也无多大意义。"

由于家境贫寒,范仲淹上不起学,他就一个人跑到一间僧舍中去读书。每天晚上,他都用糙米煮好一盆稀粥,等到第二天粥结成块后,就用刀划成4份,每天早晚各吃两份。没有菜,就用盐水浸泡野菜就着吃。

一天,范仲淹的同学来他家做客,这位同学是南京(当时叫应天府)留守(守卫、管理该城的官员)的儿子,家中很富有。他见范仲淹每天只用两块稀粥充饥,就想帮助他。回家以后,他向父亲讲了这件事。他父亲即刻让人带了好酒好肉，送给范仲淹。

过了几天，留守的儿子又去看他，进屋一瞧，他家送来的食物原封不动地还放在那里，而且已经发霉变味了。他感到奇怪，便问范仲淹是怎么回事？范仲淹对同学的盛情十分感谢，他说："我很感激令尊的厚爱，只是我平时吃稀粥已经习惯了，并不觉得苦；如果现在贪图吃好的，将来怎么能再吃苦呢！"那个同学听了，点点头，对范仲淹自觉吃苦的精神感到由衷地钦佩。

经过多年奋斗，范仲淹终于成为一代名相，为国家做出了巨大贡献。其《岳阳楼记》千百年来脍炙人口。

——摘自《名人成功之路》

看了范仲淹的故事就会明白：出身贫穷并不意味一辈子只能碌碌无为。贫穷并不可怕，反而是一种财富。一个人如果不经历一些磨难，又怎么能有大的作为呢？孟子说："天将降大任于斯人也，必先苦其心志，劳其筋骨，饿其体肤，空乏其身，行拂乱其所为，所以动心忍性，增益其所不能。"

如果说贫穷是一堵墙，那么影子就是生活。如果人生是一个舞台，那么站在台上的我们一定要把剧情演绎得完美。生活处处有贫困，生活处处有挫折，就看我们是在贫困中怨天尤人，在挫折中哀怨流泪，还是自立自强，微笑面对？

拿破仑小时候的生活是十分清苦的，他的父亲是一个极高傲但穷困的科西嘉贵族。虽然家境贫寒，父亲仍把拿破仑送进了一所贵族学校，在这里与他往来的都是一些在他面前极力夸耀自己富有，而讥讽他穷苦的同学。起初他只是努力忍耐，并在心底默默地咒骂他们。

后来拿破仑实在受不住了，他写信给父亲："为了忍受这些外国孩子的嘲笑，我实在疲于解释我的贫困了，他们唯一优于我的便是金钱，至于说到高尚的思想，他们是远在我之下的。难道我应当在这些不学无术、骄纵奢侈的纨绔子弟面前永远谦卑下去吗？"

"我们是没有钱，但你必须在那里读书。"父亲的回答彻底断了他辍学的念头，并因此使他忍受了5年的痛苦。但是每一种嘲笑，每一种欺侮，每一种轻视的态度，都使他增加了决心，发誓要做给他们看看，他确实是高于他们的。他是如何做的呢？这当然不是一件容易的事。他心里暗暗计划，决定将这些没有头脑却傲慢的人作为桥梁，去使自己获得财富、名誉和地位。

当他到了部队后，发现自己的同伴业余时间都用来追求女人和赌博。而他那不受人喜欢的体格使他决定改变方针，用埋头读书的方法，去努力和他们竞争。读书是和呼吸一样自由的，因为他可以不花钱在图书馆里借书读，这使他有机会大量阅读并且得到了很大的收获，他读书不是为了消遣，而是为自己的理想做准备。他下定决心要让全天下的人知道自己的才华，因此，他在选择图书时，始终围绕这个理想。他住在一个既小又闷的房间内，在这里，他脸无血色，孤寂、沉闷，但是他却争分抢秒地阅读。他想象自己是一个总司令，将科西嘉岛的地图画出来后，在地图上清楚地标明哪些地方应当布防。由于这些数据都是他用数学的方法精确地计算出来的，因此，他数学的才能获得了提高，这使他第一次有机会表明他能做什么。

他的长官看到拿破仑的学问很好，便派他在操练场上执行一些任务，后来他又获得了新的机会，拿破仑从此开始走上了他的权势之路。

——摘自《人生哲理枕边书——你应该知道的165个人生哲理》

在如今的社会，家庭的贫困和生活的沧桑对于一个人的成长来说，其实是必不可少的养分。因为出身贫困使他们有机会从小就能体会劳动的艰辛和百姓的疾苦，从而能对现实生活有一个清醒的认识。作为一个有志青年，我们决不能因贫困而垂头丧气，丧失生活信心，得过且过，浑浑噩噩，那样就会荒废自己的一生！

其实，无论我们遭遇什么艰难的生活，只要有志气，够坚强，那么就能够为自己闯出一片天地！所以，不要害怕出身的贫穷，只要努力奋斗，再困顿的日子都会成为过去。

荣辱淡然，处变不惊

由于社会竞争日趋激烈，这让我们每个人都会深感疲惫，这个时刻保持一种平和的心态，才有利于我们身体的健康以及未来事业的发展。当然，平常心不是与生俱来的。只有那些历经挫折和失败的磨砺并且坚持不懈努力奋斗的人，才能拥有平常心。拥有平和心的人不会为虚荣所诱，不会为一切浮华沉沦。

《菜根谭》上说："此身常放在闲处，荣辱得失谁能差遣我；此身常在静中，是非利害谁能瞒昧我。"意思是说：经常把自己的身心放在安闲的环境中，世间所有的荣华富贵和成败得失都无法左右我；经常把自己的身心放在安宁的环境中，人间的功名利禄和是是非非就不能欺骗蒙蔽我了。

"镭的母亲"——居里夫人是两次获得若贝尔奖的科学家。她一生获得的各种奖励、奖章、名誉头衔不计其数，但她却很少在意。

有一天，有位女士来居里夫人家做客，看见居里夫人的小女儿在摆弄一枚奖章。仔细一瞧，发现是英国皇家学会发给居里夫人的金质奖章。她十分惊疑地问："能获取这枚奖章是件不容易的事，这是极高的荣誉啊！你怎能给小孩当玩具玩呢？"

居里夫人淡淡一笑，平静地对女友说："我想让孩子从小明白一个道理。""什么道理？"女友急切地问，"正确对待荣誉。在我看来，所有荣誉就像玩具一样，仅供玩玩而已。孩子不能守着这种荣誉生活，不然，她将一事无成。"

——摘自《居里夫人的故事》

其实再高的荣誉也只能代表过去，不能证明未来。所以，人只能去追求新的荣誉，而不能躺在过去的荣誉上停滞不前。从领到通过奋斗得来的奖章的那一刻起，就意味着过去已经画上了句号，下一步还要从"零"开始。

但是，现实中有太多的人并不是这样，他们做出了点成绩，出了点名之后便沾沾自喜起来，自以为功成名就了，就可以天天吃老本了，从此便失去了新的奋斗目标。其实，这种做法是不足取的。鲁迅说："'自卑'固然不好，'自负'也是不好的，容易停滞。我想顶好是不要自馁，总是干；但也不可自满，仍旧总是用功。"

在生活中随遇而安，纵然身处逆境，仍从容自若，以超然的心态看待苦乐年华，以平和的心境面对一切荣辱。非淡泊无以明志，非宁静无以致远。不做作，不虚饰，洒脱适意，襟怀豁然，平常心不仅给予你一双潇洒和洞穿世事的眼睛，同时也使你拥有一个坦然充实的人生。

时光荏苒，人生短暂。要快乐地品尝人生的盛宴，就需要拥有一颗荣辱不惊、不卑不亢的平常心。当我们出入豪华场所，用不着为自己过时的衣着而羞愧；遇见大款老板、高官名人，也用不着点头哈腰，不妨礼貌地与他们点头微笑；即使身份卑微，也不必愁眉苦脸，要快乐地抬起头，尽情地享受阳光；即使没有骄人的学历，也不必怨天尤人，而要保持一种积极拼搏的人生态度。我们用不着羡慕别人美丽的光环，只要我们拥有一份平和的心态，尽自己所能，选择人生的目标和生活，勇敢地面对人生的种种挑战，无愧于社会与他人、无愧于自己，那我们的未来就一定会阳光灿烂，鲜花盛开。

有位修行很深的禅师叫白隐，无论别人怎样评价他，他都只会淡淡地说一句："就是这样吗？"

在白隐禅师所住的寺庙旁，有一对夫妇开了一家食品店，家里有一个漂亮的女儿。

一天，夫妇俩突然发现自己未婚的女儿怀孕了，这种见不得人的事，使得他们震怒异常！在他们的一再逼问下，女儿终于吞吞吐吐地说出"白隐"两字。

他们怒不可遏地去找白隐理论，但这位大师不置可否，只是若无其事地答道："就是这样吗？"于是，孩子生下来后，就被送给白隐。

此时，他虽已名誉扫地，但他并不以为然，只是非常细心地照顾孩子——他向邻居乞求婴儿所需的奶水和其他用品，虽不免横遭白眼，或是冷嘲热讽，但他总是泰然处之，仿佛他是受托抚养别人的孩子一样。

事隔一年后，这个未婚妈妈终于不忍心再欺瞒下去了，她老老实实地向父母吐露真情：孩子的生父是住在同一幢楼里的一位青年。

她的父母立即将她带到白隐那里，向他道歉，请他原谅，并将孩子带回。

白隐仍然是淡然如水，只是在交回孩子之时，轻声说道："就是这样吗？"仿佛什么事也不曾发生过。

——摘自《不辩是一种大胸襟》

白隐为给邻居的女儿以生存的机会和空间，代人受过，牺牲了为自己洗刷清白的机会，受到人们的冷嘲热讽，但是他始终泰然处之。"就是这样吗？"这平平淡淡的一句话，就是对"宠辱不惊"最好的解释，而我们现代人缺乏的正是这一点。

所谓的"荣辱不惊"，不仅是一门生活艺术，更是一种处世智慧。生活中有褒有贬、有毁有誉、有荣有辱，这是人生的寻常际遇，不足为奇。古往今来万千事实证明，凡事有所成业有所成就者无不具有"荣辱不惊"这种极宝贵的品格。荣也自然，辱也自在，一往无前，否极泰来。所以有位哲人这样说过："人生有两种悲剧，一种是欲望不能得到满足，另一种是欲望得到满足。"

在现实生活中，人们难免会遭到不幸和烦恼的突然袭击。有的人面对从天而降的灾难，泰然处之，总能使平和和开朗永驻心中；有的人面对突变而方寸大乱，甚至一蹶不振，从此浑浑噩噩。为什么受到同样的心理刺激，人们所作的反应反差会如此大呢？原因在于能否保持一颗平常心，荣辱不惊。

冰心曾说过："有了爱就有了一切。"看到这句话，不禁让人感到一种身心的净化，受到一种圣洁灵魂的感染。在冰心的身上，永远看到的是一个人生命力的旺盛，看到的是一颗跳动了近百年的、在思考、在奋斗的年轻、从容的心。"文革"中，冰心在中国作家协会扫了两年厕所，六十多岁的老人每天早上六点赶车上班。年迈之后尽管行动不便，每早起床就大量阅报读刊，了解文坛动态，然后就握笔为文，小说、散文、杂文、自传、评论、序跋，无所不写。在遗嘱里她还写下了这样的句子："我悄悄地来到这个世上，也愿意悄悄地离去。"

其实，我们若是拥有一颗平常心，那么心胸自然就会豁达起来。这种豁达，会让人在面对荣辱时变得淡然。失败了，转过身擦干痛苦的泪水继续赶路；成功了，向所有支持者和反对者抱以微笑而已。

蛰伏中等待——静候花开

在这个世上，每一个人的成功都是得之不易的，为了成功必须要学会忍耐。因为人生犹如潮水一般，有潮涨的时候，也有潮落的时候。在潮涨的时候我们要戒骄戒躁，不要得意忘形；在潮落的时候我们要充满自信，坚定如一。

人生总是不会一帆风顺的，很多时候我们都要学会忍耐，因为忍耐会带给我们力量，忍耐会带给我们机会。当我们收回拳头的时候，不是因为我们放弃了搏击，而是我们在积蓄力量，因为只有收回的拳头打出去才能更有力。

战国时期政治家苏秦自幼家境贫寒，温饱难继，读书对他而言自然成了一件十分奢侈的事。为了维持日常的生计和读书，他不得不时常卖自己的头发和帮别人做短工，后来又离乡背井到了齐国拜师求学，跟鬼谷子学纵横之术。

一段时间以后，苏秦自以为学业有成，便迫不及待地告师别友，游说天下，以谋取功名利禄。数年后不仅一无所获，而且自己的盘缠也用完了。在走投无路之际，穿着破衣草鞋踏上了回家之路。到家时，苏秦已骨瘦如柴，全身破烂肮脏不堪，满脸尘土，跟乞丐没有什么差别。

妻子见他这个样子，摇头叹息，继续织布，虽然充满同情，但还是显得很冷漠；嫂子的鄙夷则更加明显，当见他这副落魄的样子，扭头便走了，不愿做饭给他吃；父母、兄弟、妹妹不但不理他，还暗自讥笑他说："按照周人的传统，应该是安分于自己的产业，努力从事工商，以赚取十分之二的利润；现在却好，放弃这种最根本的事业，去卖弄口舌，落得如此下场，真是活该！"

苏秦身为七尺男儿，身受此辱，实在是无地自容，惭愧而伤心。他关起房门，不愿意见人，对自己作了深刻的反省："妻子不理丈夫，嫂子不认小叔子，父母不认儿子，都是因为我不争气，学业未成而急于求成啊。"

对于别人的讥笑，苏秦选择了忍耐，他要重振精神，发愤读书。于是，他搬出所有的书籍，用心钻研。他每天研读至深夜，有时候不知不觉就会伏在案上睡着了。第二天醒来，却懊悔不已，痛骂自己没有用，但又没有什么办法不让自己睡着。

为了珍惜时间，苏秦还发明了防止打瞌睡的办法，那就是著名的"锥刺股（大腿）"，以后每当要打瞌睡时，他就用锥子扎自己的大腿一下，让自己猛然"痛醒"，保持苦读状态。他的大腿常常因此而鲜血淋淋，惨不忍睹。

就是在这样的磨砺中，苏秦博览群书、学富五车。后来，他写出《揣》《摩》二篇。这时，他充满自信地说："用这套理论和方法，可以说服许多国君了！"苏秦开始游说六国，终获器重，挂六国相印而声名显赫，开创了自己辉煌的政治生涯。

——摘自《成语故事》

看完苏秦的经历，我们不得不感叹：挫折是生活的组成部分，没有谁能一生不遭遇任何挫折，所以如何正确应对挫折至关重要。有些人在经历一次挫折后，就被击垮了，从而变得自暴自弃；而有些人在遇到挫折后，反而越挫越勇，更加奋发图强，最后成就一番功名，他们是人生的强者。

春秋末期，吴国（今江苏南部）和越国（今浙江北部）互相接壤，互相仇怨，经常打仗。公元前494年，吴王夫差大败越兵，越王勾践只剩下五千多士兵，被围困在会稽山。勾践对三军发布命令说："凡是我的父老兄弟及国君的同姓同宗，有能帮我想办法打退吴国军队的人，我和他共同管理越国的政事。"随后派大夫文种到吴国求和，吴王夫差终于把军队撤走了。

为了报仇复国，勾践对本国的人民说："我不知道我国的力量不足，去和大国结下冤仇，因此害得百姓们牺牲在荒郊野外，这是我的罪过啊，请让我改过。"于是，他埋葬了在战争中牺牲的战士，慰问那些受伤的兵士，抚养那些幸存的人，安慰那些有丧事的人家，废除那些百姓不满意的规定。他还忍受了奇耻大辱，亲自去侍候吴王夫差，并派三百个士人到吴国当差，他亲自在马前给夫差开道。骄横贪婪的吴王夫差信以为真，允许越国作为吴国的属国而存在。

为了报仇复国，勾践奋发图强，采取了富国强兵的种种措施，鼓励百姓生养儿女，减轻赋税劳役，制定一系列有利国计民生的政策：对那些孤儿寡妇、生病的、穷苦的，由官府代养他们的儿女；对那些有名望有特长的人，国家在物质上给予优厚的待遇，鼓励他们为国出力。勾践自己也亲自参加耕种，不是亲自种出来的粮食，勾践就不吃，不是他夫人织出来的布，勾践就不穿。十年之内，不向老百姓收税。因而，他受到全国百姓的爱戴，老百姓纷纷请求和吴国作战，复国雪耻。

勾践一看时机已经成熟，就说："我不需要那单枪匹马的勇气，我要的是万众一心，同进同退。奋勇向前时想到国家的赏赐，畏缩后退时想到军令的刑罚；如果前进的时候不出力不听指挥，败退了却不知羞耻，这样就会受到应有的刑罚。"老百姓斗志昂扬，互相勉励，都说："看看我们的国君，怎么能不为他去拼死杀敌？"于是，勾践指挥他决心为国报仇的人民，袭击了吴国，攻入吴都姑苏（现苏州市），他的"水师"又从海道进入淮河，断绝了吴军的归路，公元前473年，终于灭了吴国。

越王勾践在失败后忍辱负重，发愤图强，经过十年生聚，十年教训，终于以弱胜强，实现了复国的夙愿。这个故事被后来人引为教训，并被作为题材编成各种戏剧（如《卧薪尝胆》《胆剑篇》等），在人民中间演唱、流传，给人民以巨大的教育力量。

——摘自《中华历史故事》

当面对生活中突如其来的灾难时，我们不要害怕，如果当时的我们并没有能力将自己拯救出苦海，那么就要学会忍耐。在这份忍耐中，我们要不断积蓄自己的力量，等待着喷薄而出那一天的到来，而不是唉声叹气，从此放弃了拯救自己。

面对困难和挫折，只要我们能够忍耐，静下心来弥补自己的不足，才能以匡大志。因为懂得忍耐，木匠齐白石半路出家学画画，日日磨砺，成了一代国画宗师；李时珍30年修出了《本草纲目》；歌德58年写成《浮士德》。正因为懂得忍耐，他们才能不断积累力量，最终不但成就了个人，更为历史书写了光辉的一页。是忍耐成就了勇士，塑造了楷模。在忍耐中，万物会重新迸发生机；在忍耐中，个人会重新积蓄力量……忍耐其实是一种蛰伏中的等待，我们学会了这种等待，便能静候花开。

记住：N+1次后就是成功

活在这个世上，我们难免会遭人拒绝，面试被拒，求爱被拒，请求被拒……有的时候，在一天之中，我们可能会遭受到无数次来自"拒绝"的打击，这个时候，我们心里肯定分外难过，那么要怎么样呢？从此之后一蹶不振，再也没有开口去表述的欲望了吗？千万不要！要是你被区区几次"拒绝"给打败了，那么人生可就真的输了！

在生活中，我们要对自己有信心，要敢于面对"拒绝"，并且去尝试让自己与"拒绝"共舞。对一个优秀的人来说，他要做的应该是不断地自我激励，不断地对自己说："我行！我行！我可以！"他应该积极努力地去争取所有能够让自己远离"拒绝"的机会，让不断累积的经验成为战胜"拒绝"的武器，从而成就自己灿烂的人生！

日本最有名的销售员原一平曾说过一句名言："我不喜欢拒绝。可以说，我对拒绝恨之入骨。不过，我的成功离不开拒绝。"由此可见，只要是人都离不开被拒的可能，但是被拒绝只能代表一次的失败，而非永久。知道成功的秘诀是什么吗？其实就在于确认什么对你是最重要的，然后拿出各种行动，不达目的誓不罢休！

不知道你是否听过桑德斯上校的故事？他是"肯德基炸鸡"连锁店的创办人。你知道他是如何建立起这么成功的事业的吗？是因为生在富家的子弟、念过晴熙这栏著名的高等学府、抑或是在很年轻时便投身于这门事业上？你认为是哪一个呢？

上述的答案都不是，事实上桑德斯上校65岁时才开始从事这个事业。那么又是什么原因使他终于拿出行动的？很简单，因为他身无分文且孑然一身。当他拿到生平第一张救济金支票时，金额只有105美元，内心实在是极度沮丧。他不怪这个社会，也未写信去骂国会，仅是心平气和地自问："到底我对人们能做出何种贡献呢？我有什么可以回馈的呢？"随之，他便思量起自己的所有，试图找出可为之处。

第一个浮上他心头的答案是："很好，我拥有一份人人都会喜欢的炸鸡秘方，不知道餐馆要不要？我这么做是否划算？"随即他又想到："我真是笨得可以，卖掉这份秘方所赚的钱还不够我付房租呢！如果餐馆生意因此提升的话，那又该如何呢？如果上门的顾客增加，且指名要点用炸鸡，或许餐馆会让我从其中抽成也说不定。"

好点子固然人人都会有，但桑德斯上校却跟大多数人不一样，他不但会想，且还知道怎样付诸行动。随之，他便开始挨家挨户地敲门，把想法告诉每家餐馆："我有一份上好的炸鸡秘方，如果你能采用，相信生意一定能够提升，而我希望能从增加的营业额里抽成。"

很多人都当面嘲笑他："得了吧，老家伙，若是有这么好的秘方，你干吗还穿着这么可笑的白色服装？"这些话是否让桑德斯上校打退堂鼓了呢？丝毫没有，因为他还拥有天下第一号的成功秘诀，我们称其为"能力法则"，即"不懈地拿出行动"。在你每做什么事时，必得从其中好好学习，找出下次能做好的更好方法。桑德斯上校确实奉行了这条法则，从不为前一家餐馆的拒绝而懊恼，反倒用心修正说辞，以更有效的方法去说服下一家餐馆。

后来，桑德斯上校的点子终于被别人所接受，你可知先前被拒绝了多少次吗？直到被拒绝了1009次后，他才听到第一声"同意"。在过去两年时间里，他驾着自己那辆又旧又破的老爷车，足迹遍及美国每一个角落。

困了就和衣睡在后座，醒来逢人便诉说他那些点子。他为人示范所炸的鸡肉，经常就是果腹的餐点，往往匆匆忙忙便解决了一顿。历经1009次的拒绝，整整两年的时间，有多少人还能够锲而不舍地继续下去呢？真是少之又少了，也无怪乎世上只有一位桑德斯上校。我们相信很少有人能受得了连续20次的拒绝，更别说连续100次或1000次的拒绝了。然而这也就是成功者的可贵之处。

——摘自《肯德基上校的1009次失败》

如果我们能深入分析一下历史上那些成大功、立大业的人物，就会发现他们都有一个共同的特点，那就是：不轻易为"拒绝"所打败而退却，不达成他们的理想、目标、心愿，就誓不罢休。

从前有一个意大利籍人，他的父亲是一个赌徒，他的母亲是一个酒鬼。在他很小的时候，父母就离异了，他高中的时候辍学，成为了无业游民，就是这个人，在20岁那年突然遭受到一次刺激，他忽然发现，这个世界上有一群人，和他完全生活在两个世界，他们拥有的生活品质，完全和他不一样。他大哭！他认为，他现在的生活根本就没有意义，他看到他父母的生活已经在贫穷的边缘。

他知道，如果他再继续这样下去，那么他的父母的现状，就是他的未来。所以，他立志要改变这样的生活方式。做生意吗？没有钱；找工作吗？没有好的学历，不可能。他想到了，他要做自己想做的人，他想做什么呢？他想当演员……

下定决心之后，他来到了好莱坞，他找到导演说："导演，我要当演员。"导演回答得很果断："不可能！"因为他是一个天生的歪嘴。每当他跟别人说自己的梦想时，人家就会问他：你有什么样的学历？你有什么背景？你受过什么样的训练？更何况你是个天生的歪嘴。这些话让他深受打击。

后来，他找了一份在好莱坞打扫厕所的工作，薪水是300美元，这样他每天都可以看见导演。每见到导演，他就说："导演，我要当演员！""不可能！"虽然一次又一次地被拒绝，但是他从不放弃，他坚信，下一次就可以了。

　　当他遭受到800多次拒绝的时候，他走上了屋顶，他觉得，这样的生活根本就没有意义，如果不能成功，宁愿去死，即便活着，也是行尸走肉。所以他曾无数次走在屋顶上和河水边，但最终他还是重新拿起了勇气！他觉得，如果不能当演员，那就先写剧本。一段时间后，剧本出来了，他拿着剧本找导演说："导演，我要当男主角！""不可能！"又是一次又一次的拒绝。

　　在他第1375次遭到拒绝的时候，有一位导演说，我看过你的剧本，我觉得不错，我想把它买下来，我给你35000美金！但前提是：你，不能当男主角！哇……他惊呆了，35000美金对于他来说是很大的数字，他只拿300美元的月薪，这数目比他月薪的100倍还多。

　　但是，他马上想到：自己是要做什么人呢？是不是要当剧作家？以后就写剧本吗？不！他坚定地说："导演，35000美金我一分都不会要，我要当男主角！"导演无奈地说："我不知道你会不会演戏，但是你这么坚持，那就让你试试吧。"

　　后来影片拍出来了，谁也没想到的是，这部电影刷新了全美的收视纪录。这个男人成为了好莱坞著名的男明星，后来的出场费高达1700万美金。

——摘自《成功需要勇气》

　　这位男明星他成功了，他向我们证明：只要不怕被拒绝，坚持下去，就有机会为自己闯出一条路！他为了成为演员，他把世界上所有的获奖电影全部学习过，所有顶尖的男主角他全部都模仿过，所有获奖电影的对白他全部都背过。每天住在垃圾厂的汽车里，天天在汽车旁边锻炼身体，白天就去厕所工作，把厕所打扫得干干净净。他常常对自己说："过去不等于未来！成功来自于充分的准备！"

　　所以，让我们看看这位塑造了无数美国英雄形象的明星，他是怎么做的。歪嘴就不可以成为明星吗？这位男明星今天他还是歪嘴，那又怎么样呢？记住：只要我们不被"拒绝"打败，那么N+1次后就是成功！

困难其实是个过滤器

人生在世，都会遇到许许多多的困难。在遇到困难时，很多人首先想到的就是要回避，其实这种态度是不可取的。因为问题不解决，就永远是问题。所以，我们正确的态度应该是，在困难出现时，不要害怕、也不要退缩，而是要勇敢面对，并想方设法地将它克服，这样才能不断进步。

在面对困难的时候，很多人抱着一种沮丧的心理，这样怎么能鼓起勇气面对苦难呢？所以，我们要学会保持乐观向上的良好心态。想想中国的张海迪，美国的海伦·凯勒，由于她们在巨大的打击以及重重困难面前没有怨天尤人，而是以乐观向上的心态去面对，因此，她们都收获了人生的辉煌。

在如今快节奏的生活中，我们常常要面临失恋、离婚、竞争失利的打击，遭受事业失败、工作失误及天灾人祸等困难，尽管谁都不希望遭受这样的打击，更不愿意陷入困境，但它们又常常不期而至。

对"英皇集团"老板杨受成来说，每年的8月30日是一个非常重大的纪念日。数年前的这天，他一无所有，全身最有价值的就是一块手表。

事隔10年，已经拥有10亿港元身家的杨受成在讲起这段经历时，心情很平静:"那天,汇丰(银行)打电话给我,叫我立即去当时的汇丰总行。我到了那里,他们给了我一封信,说开会决定立即接管我的全部财产,包括所有公司、店铺、汽车、游艇、房屋。总之,除了我手上戴着的手表之外,什么都被接收了,连钱包里的信用卡都要立即拿出来。"

在这之前,年仅40岁的杨受成已掌管了一家上市公司——"好世界投资有限公司"。杨受成春风得意,活跃在香港的钟表界、珠宝界、地产界以及股票市场。

然而天有不测风云,1982年年初,香港地产业出现危机,在地产上押下了巨额赌注的"好世界投资有限公司"陷入了财务困境。汇丰银行除了接管他公司名下的物业、珠宝及钟表资产外,连杨受成名下的私人财产也一并接管过去。

杨受成后来回忆说:"破产之后的巨大反差的确使人痛苦失落,倘若我的性格不够坚强,我早已看不开了,即使是这样,我仍然没有放弃的念头,我始终相信自己会有翻身的一天。我想如果有重新出头的机会,我就一定要做好!起码要做些事给别人看,我不是一跌倒就爬不起来的人,我是一个打不死的老兵。我要努力,比以前更勤奋,要夺回失去的一切东西。"

凭着这种不服输的信念,杨受成的"宝石城珠宝有限公司"开业了,数年之后,东山再起,他的事业比跌倒之前更加辉煌,也更加稳健。

——摘自《世上没有绝望的处境,只有对处境绝望的人》

看了杨受成的故事,我们就明白:一个人只有输得起,才会有赢的机会。杨受成这种笑傲商界的勇气并不是人人都有的,很多人甚至在遭受一次失败之后就开始一蹶不振。由于他们满脑子只会想上天不公,所以害惨了自己,只会觉得自己的前途再也没有光明了。其实在他们的这些念头中,只有失败是客观事实,而所谓灰头土脸和前途渺茫都只是他们的想象,成功者的特征之一就是能尽快走出失利的阴影,不让它影响自己的情绪和信心。

困难的存在，是为了考验每一个想要活得更好的人，它就像个过滤器，把害怕它的人全部过滤掉，留下的都是一个个敢于挑战它的精英。只有这些精英，才配得上过更好的生活！

不知道大家有没有看过《鲁宾逊漂流记》：出身商人之家的鲁宾逊，不甘于像父辈那样，平庸的过一辈子，一心向往着充满冒险与挑战的海外生活，于是毅然舍弃安逸舒适的生活，私自离家出海航行，去实现遨游世界的梦想，但每次都历尽艰险。有一次风暴将船只打翻，鲁宾逊一个人被海浪抛到一座荒无人烟的海岛上，在那里度过了28年孤独的时光。小说的主要部分就是对他这段荒岛生活的生动记述。

除了精彩离奇的故事外，小说最吸引人的地方就是鲁宾逊的性格。他敢于冒险，敢于追求自由自在、无拘无束的生活，即使流落荒岛，也决不气馁。在荒无人烟，缺乏最基本的生活条件的小岛上，他孤身一人，克服了许许多多常人无法想象的困难，以惊人的毅力顽强地活了下来。没有房子，他自己搭建；没有食物，他尝试着打猎，种谷子，训养山羊，晒野葡萄干；他还自己摸索着做桌椅，做陶器，用围巾晒面做面包。在岛上的第24年，他还搭救了一个野人，给他取名"星期五"，在他的教育下，"星期五"成了他忠实的奴仆。

就这样，鲁宾逊在荒岛上建立了自己的物质和精神的王国。面对人生困境，鲁宾逊的所作所为，显示了一个硬汉子的坚毅性格和英雄本色，体现了资产阶级上升时期的创造精神和开拓精神。现在，在西方，"鲁宾逊"已经成为冒险家的代名词和千千万万读者心目中的英雄。

——摘自《逆境中学会生存》

其实，世上真正的救世主不是别人，正是自己，在困难和挫折面前不要逃避，而是要勇敢地面对现实。凭着自己良好的心态去战胜困难，成为生活的强者。

你无论身陷何种困境，都不应该有放弃自己的信念，倘若抱着敷衍塞责的态度，走到哪里算哪里，那么结果只能是失败。与其消极地去逃避，不如坚守自己的信念，理智地应对眼前所面临的挫折和尴尬，相信自己的实力，努力寻找正确的突破口，想方设法克服困难，战胜困境。虽然任何问题都不可以小觑，但是每一个难题又都有解决的办法。

如果我们能够坦然地面对挫折，冷静地分析挫折的成因，自觉地以乐观向上的态度、坚定的信心以及顽强不屈的意志和毅力去战胜挫折，那么我们就能不断超越自我，最终走向成功。挫折能够促使我们变得强大，使我们成为了强者。

第四章

在爱的世界心碎,在爱的世界成长

爱情是甜蜜的。每个人都经历过怦然心动,想象着与相爱的那个人携手漫步,白头偕老。然而,浪漫的爱情难免会被现实击个粉碎,我们唯有学会面对,才能在爱情中更好地成长。

祝福你，我曾经的爱人

　　人生短短几十个春秋，一个人能有多少时间活在过去的遗憾与悔恨中？从容的人懂得如何去爱惜自己，在得到与失去的过程中，学会慢慢地认识自己。其实，感情并不需要无谓的执着，没有什么是真的不能割舍的，感情如果已经离你而去，就要在落泪以前转身，将昨天的甜蜜埋在心底，留下最美的回忆，给自己一个机会重新开始。

　　爱情没有永久的保证书，逝去的感情其实是给人一个重新选择归属的机会。每一份感情都很美，每一次相伴也都很令人迷醉，但无论这一程情深缘浅，都要好聚好散。有时候，沉迷于爱情中的人不懂，明明自己那么爱的人，为什么忽然要离自己而去。因为舍不得，所以哭，所以闹，所以伤害自己，到头来发现，其实根本就不能留住逝去的感情。

　　陈萍过年的时候回家，没想到在老家的火车站偶遇大学时的同学王军，虽然已经有很多年没有见过面了，但是一眼看过去还是那么的熟悉，她主动上前跟同学打了招呼。同学看到了她，也有一丝惊讶，但随即高兴地笑起来说："是你呀，真的好久不见了。"之后，两个人在附近长椅上坐下聊了起来。正闲聊的时候，从路旁的专卖店走出了一位带小孩的女子，王军马上走上前去，接过孩子，问那女子是不是累了，要不要歇一会儿，可能是觉察到陈萍还在旁边吧，于是连忙给她们相互介绍，陈萍这才知道，那是他的妻子和孩子。那女子看起来也是善解人意的人，她把孩子接了过去，让陈萍他们继续聊，自己抱着孩子进了另一家专卖店。

陈萍看了王军几眼，忽然想起当初在大学的时候，他曾经很努力地追过班里的一名女生，为了向那个女生示爱，他曾经长时间站在女生楼前拿着鲜花等待，甚至做出更为惊人的举动，不得不让人印象深刻，后来那个女生终于答应和他在一起。想到这个，陈萍压抑不住自己的好奇心，最后还是开口问了一句："你和××最后没在一起？"听到陈萍这么问，王军显得有些吃惊，于是反问道："你们是同班同学，你们应该比我清楚呀！"然后，风淡云轻地说："其实就是性格不合吧，分手之后伤心了很久，但是后来慢慢就忘记了，我结婚之后，就几乎没有再联系了。"陈萍一时不知再说什么，只好客套了几句，就离开了。随后在回家的路上，她恍然明白，原来那么热烈的爱也是可以忘记的，也许，对刚才碰见的王军而言，爱是应该忘记的，因为只有忘记过去，才能获得新的幸福。

——摘自《原来爱也是可以忘记的》

其实，忘记并没有我们想象中的那么难，有句话说得很美，也很好：一个人总要走陌生的路，看陌生的风景，听陌生的歌，然后在某个不经意的瞬间你会发现，原本费尽心机想要忘记的事，就真的那么忘记了。

世上到底有没有永远的东西，到底有没有永恒的爱情？或者永恒仅仅是我们的一厢情愿，爱情永远生活在昨天和今天，明天谁会知道是什么样子的？长长的一生里，我们总是在不同的地方遇见不同的人，新朋友变成老朋友，偶遇成为爱侣。在相逢中重聚，在重聚中分离，在分离中相逢，其实缘起缘灭，没有什么是不可能的。

人生在世，每个人都在慢慢学着生活，要学会用从容的心来面对逝去的感情，不要把爱情当作自己生命的唯一。已经存在的遗憾是永远无法再重新来过的。

感情是双方的事，既然有人先放手，那肯定是有不合适的地方。面对逝去的感情，只能从容面对，学着释怀，试着看开。不属于你的感情，迟早会离开，并不会因为你的伤心、你的哭闹而为你留下。你要调整自己，走出失恋的阴影，去为下一段感情而努力。

面对逝去的感情，最好的方法就是忘记，忘记恋爱中的快乐、幸福，忘记恋爱中的失落、痛苦。当你不再想起他，也就不会再有任何痛苦的感受了。等到心情平复之后，你便会释然，想起他时，你会感叹一句："哦，原来我曾经爱过他。"

八一队的领队郑海霞，因为与众不同的身高原本就引人注目，回到故乡河南打比赛，更是人群中的焦点。长年的比赛生活，使得她已经习惯了这种关注。郑海霞总是在微笑，轻松的表情里有着一份一切尽在掌握的从容和自得。

郑海霞在谈到爱情的时候，她承认自己结束了一段感情，那是这么多年来她第一次投身爱情，本以为会和这个男人走进婚姻的殿堂，没想到却因为外界的原因而让爱情悄悄离去。郑海霞说，从前自己的生活很单调，每天都是锻炼、比赛，直到遇到这个男人，她的生活才变得丰富起来，对于爱情和婚姻也一下子有了明确的认识，两个人相互扶持、彼此珍惜的感觉让她感到无比的快乐。然而就在她对未来充满甜蜜憧憬的时候，爱情在走过了一年零两个月之后，却无奈地画上了句号。

郑海霞到现在说起那个人，说起那段感情，都充满留恋："跟我在一起，他要承受的太多了！我给了他太多的压力……"郑海霞在谈到逝去的感情时，丝毫没有痛苦的表情，相反，却有一种回味悠长的淡淡的微笑挂在脸上。她说："那段感情教会了我什么是家与责任，虽然我们不能走到最后，但是我相信，我仍然会找到一份属于我的爱情，所以我不伤心，我要继续努力。"

——摘自《我给了他太多的压力》

人生在世，每个人都在慢慢学着生活，要学会用从容的心来面对逝去的感情，不要把爱情当做自己生命的唯一。已经存在的遗憾是永远无法再重新来过的。很多事情发生了，过去了，只留下了遗憾的回忆。有些人却把这些回忆深藏在心中，一直活在过去，看不到新的希望，因此痛苦不堪。

要像郑海霞一样，面对没有缘分的感情能够大度地放手，挥手送别曾经的爱人。郑海霞明白，恋爱是一次已完成的选择，失恋面对的是即将到来的选择。在以后的日子里，会有一个能与她心心相印的人出现，所以她无须执着于已逝的爱情。

爱情不是生命的唯一，真正从容的态度能为失去爱情的人带来心灵的宁静，造就恬淡的心性。一路走来，接受生活中的美满与不如意，放开不属于自己的那双手，对曾经给过你美好的那个人说："祝福你，我曾经的爱人。"然后擦干眼泪，继续自己精彩的生活！

别让真爱败给斤斤计较

　　婚姻是建立在美好爱情的基础上的，可是婚姻的维系仅仅靠爱情是不够的，婚姻需要包容，需要夫妻双方的相互理解。真正的爱情是不会为外在因素所左右的，两个相爱的人也不必过于在乎外在因素。真诚相爱本就已经难能可贵了，又何必对一些琐事斤斤计较？

　　每个人都希望自己有一个完美的爱人、美满的婚姻，可是这个世界上根本就不存在完美，婚姻和爱情也一样。恋人小小的缺点毕竟瑕不掩瑜，又何必处处计较呢？

　　或许他没有钱，但他对你百般呵护；或许她并不美丽，但她的性格绝对适合做个好妻子，日后会成为你事业坚强的后盾。十全十美的爱人根本就不存在，那么你还有什么不满意的呢？计较太多，瞻前顾后，幸福就会与你擦肩而过。

　　有这么一对情侣，男孩叫张宁，女孩叫涓涓。涓涓很漂亮，非常善解人意，时不时也会出些坏点子耍耍张宁。张宁很聪明，也很懂事，最主要的一点是，他很幽默，总能在两人相处时找到可以逗涓涓开心的方法。涓涓很喜欢张宁这种乐天派，他们一直相处得不错。

　　张宁对涓涓感情很深，因此非常在乎她。每当吵架的时候，他都让着涓涓，主动承认错误。就这样过了五年，终于到了结婚的年龄。张宁向涓涓求婚了，可是涓涓的家人不答应，因为他家很穷。涓涓很孝顺，她不愿违背家人的意愿，对于男友的求婚，她也迟迟没有答应。

在一个周末，涓涓出门办事，张宁本来打算去找她，但一听说她有事，就打消了这个念头。他在家里待了一天，没有联系涓涓，他觉得涓涓一直在忙，自己不好去打扰她。

整整一天没有接到张宁的消息，涓涓很生气。晚上回家后，她发了条信息给张宁，话说得很重，甚至提到了分手。当时是晚上12点。

张宁收到涓涓的短信后心急如焚，不停地打涓涓的手机，连续打了三次，都被挂断了。他继续拨打涓涓家里的电话，却一直没人接，张宁猜想是涓涓把电话线拔了。张宁抓起衣服就出了门，要去涓涓家，当时是12点25分。涓涓在12点40分的时候又接到了张宁的电话，是用手机打来的，她又挂断了，一夜无眠。他没有再给她打电话。

第二天，涓涓接到张宁母亲的电话，电话那边，老人声泪俱下。原来，张宁昨晚出了车祸。警方说是张宁的车速过快导致来不及刹住车，车子撞到了一辆坏在半路的大货车上，救护车到的时候，张宁人已经不行了。

涓涓心痛到哭不出来，可是再后悔也没有用了。她只能从点滴的回忆中来怀念男友带给她的欢乐和幸福。她强忍悲痛来到了事故车现场，她想看看他最后待过的地方。车已经撞得完全不成样子，方向盘、仪表盘上，还沾有他的血迹。

张宁的母亲把他的遗物给了涓涓，钱包、手表、戒指，还有那部沾满了张宁鲜血的手机。她翻开钱包，里面有她的照片，血渍浸透了大半张。当涓涓拿起他的手表的时候，赫然发现，手表的指针停在12点35分附近。

涓涓瞬间明白了，张宁在出事后还用最后一丝力气给她打电话，而她自己却因为还在赌气没有接。张宁再也没有力气去拨第二遍了，他带着对她的无限眷恋和内疚走了，可是涓涓也因此留下了一辈子的遗憾。

——摘自《珍惜你所拥有的》

这是一个很感人的故事，张宁和涓涓彼此相爱，但涓涓太顾及家人的想法，迟迟没有答应张宁的求婚，又因为小事吵架赌气，甚至没有及时接听张宁打来的最后一次电话。当男友死去的时候，她才发现自己在他心中是多么重要，他是多么爱她。而她自己也失去了倾心相爱的恋人，心中留下的是永远抹不去的悔恨和伤痛。

其实，两个人若是真心相爱，又何必计较太多？爱情中，哪里有那么多的完美？每个人身上都有优点和缺点，在日常生活中要多看对方的优点，多包容对方的缺点——如果发现对方身上存在某些缺点和不足，可以婉言相告，以待其改正和弥补。切忌抓住对方身上的某些缺点不放，切莫用放大镜看对方的缺点，以免一叶障目而看不到对方身上的优点。如果两人在生活习惯上存在差异，就要多加沟通相互包容和迁就，在爱情中，要学会求同存异、有效融合。

爱情中的双方一定要和谐共生，和睦共处，不管什么事都不要以自我为中心，也不能我行我素，或是太过苛责，更不能吹毛求疵，争大摆小，不去估计对方的心理感受。在与爱人发生不愉快时，切不可口无遮拦，也不要动不动就把鸡毛蒜皮和陈年旧事都牵扯进来。在吵架时，切不可乱翻旧账和把话题扩大。切忌相互攻击和不计情面，不要因为一时的冲动，让自己失当的言语和莽撞的行为伤害对方的感情。如果有可能，就尽量不要和对方发生争吵，因为最大的爱与理解，就是把一切的不美好封存在沉默中。

陈想的男朋友王刚烧得一手好菜，被周围朋友誉为"神厨"。某天，陈想在电脑前指尖翻飞，文思泉涌。忽然闻到了一股刺鼻的焦煳味，她急忙跑进厨房，王刚正忙不迭地刷锅，洗碗池里的水尽是黑色的。"菜做好了？""好了，有点粘锅，但没煳。"他慌张地用身子遮住了水池。吃饭时，陈想吃得像以前那样津津有味，什么责备的话也没说。看得出，王刚极力想掩饰，心里充满了歉意。其实，陈想知道王刚做饭挺辛苦的，偶尔失误也在所难免。对于已成的事实，与其抱怨，不如坦然接受。

后来，陈想和王刚结婚了。王刚的爸爸去世多年，妈妈住在乡下的大哥家。每逢过节或婆婆来他们家，陈想都会给自己的婆婆一些零用钱，买些衣物。临走时，她还会给他们母子留出单独相处的时间。这时候，王刚总是趁此机会给他母亲一些私房钱，陈想的心里其实很清楚，但她却装作不知道。并不是她给婆婆的钱少，她知道，王刚是想对自己妈妈表达自己特殊的心意。在大多数家庭中，婆媳或翁婿关系再亲近，总也比不上血缘关系，爱一个人，就要给他多爱自己父母的机会。这样的爱情，才不会因自私而扭曲。

工作之余，王刚喜欢上网聊天。有段时间，他一有空闲就上QQ聊天，很晚才下线。这让陈想心有疑窦，却不好说什么。一次，有人在楼下叫他，他没来得及关QQ就出去了。陈想悄悄打开了聊天记录，有个叫"雪舞飞扬"的女子很迷恋他，他们的有些对话让人脸热心跳，甚至他们还约好了见面的时间、地点。可在最后一页的对话中，那个女子在埋怨王刚爽约，发誓再不理他。王刚解释说，思虑再三，感觉双方还是应以彼此家庭为重，让美好的感觉止步于虚拟。陈想悄然离开了书房，装作什么都不知道。既然他已经知道悬崖勒马，她若追问，也许结果会适得其反。此后，王刚上网的时间果然慢慢缩减，最后淡出了QQ聊天。

——摘自《做个糊涂女人》

婚姻是建立在美好爱情基础上的，可是婚姻的维系仅仅靠爱情是不够的，婚姻需要包容，需要夫妻双方的相互理解。只有完全地包容对方的缺点、过失、历史，放下斤斤计较，才能拥有幸福美满的婚姻。

爱情，向左，还是向右

如果现在的你还没有恋爱结婚的话，那么对于你未来的伴侣一定要善于选择，一定要选一个适合自己的人去爱，这样双方都会活得轻松自在、幸福快乐。那么，什么样的人是适合自己的呢？放心，绝对不是指那些最完美的或条件最好的人，这最适合自己的人啊，其实就是最能分享你人生远景的人。

在人的一生中，不知要面对多少选择，在众多的选择当中——恋爱与择业的冲突，以及坚持自己的选择还是听从父母的安排，成了困扰许多人的难题。

现在大多数的年轻人在上大学的时候，就已经有男朋友或者女朋友。但是，随着毕业的临近，不少学生恋人因为工作和对方不在一个地方的原因，而需要做出选择。这个时候，大学生朋友们要理智地进行全面的思考，进行合理的选择，可以仔细考虑双方间的爱是否成熟？彼此在一起是否愉快？双方的性格是否合得来？必要时，是否愿意为对方牺牲自己的利益等。如果能确认彼此都是深爱对方的，那最好能及早地商讨双方的择业问题，可以选择在同一个城市工作，可以选择两人共同创业，也可以选择分离。

如果选择了对情感的放弃，首先要避免的是内疚心理。既然双方或者一方选择了放弃这份感情，那至少说明你们的感情还是有相对脆弱的一面。要相信，经过暂时的痛苦之后，彼此都会拥有新的开始。

此外在生活中，还可能会遇到这样的情况：我们选择的恋人父母不喜欢，这时就需要你在父母和恋人之间作出选择。

当你在爱情上遇到选择，那你如何交出满意的答卷呢？这就需要感性与理性相容，这样，才能拥有美好的爱情。

遭遇难题的时候，找一张纸写下来，列出几个选择。然后，你就会发现：原来答案竟是这样简单。对待感情，一定要理智，这样，你将发现每个难题后面都有好几种解决方案，而通常自己都知道该怎么办。很显然，问题的症结不在于该怎么办，而是下决心作出选择。

做出决定是痛苦的，但不做决定会更痛苦。选择幸福需要勇气，需要行动，需要付出代价。但是，你最终会得到属于自己的幸福。

《乱世佳人》这部小说想必大家都看过吧，小说中的美丽女性郝思嘉充满传奇和浪漫色彩的爱情能给我们启示。郝思嘉少女时代就狂热地爱上了加西亚，每当遇到加西亚，郝思嘉就恨不得把自己全部的热情都倾注在他身上，然而他却浑然不觉。在郝思嘉向加西亚表达她的爱恋之情时，被另一个青年白瑞德发现，从此白瑞德对郝思嘉产生了好感。

加西亚没有领会郝思嘉的真情，同他的表妹梅兰结婚了，郝思嘉陷入深深的痛苦之中，然而对加西亚的爱恋依然丝毫没有减弱。后来"二战"爆发了，白瑞德干起了运送军民物资的生意，并借此多次接触郝思嘉，狂热地追求她。郝思嘉最终经不起他强烈的爱情攻势，他们走进了婚姻的殿堂。

可是结婚后的郝思嘉却仍然没有放下对加西亚的感情，所以她一直不肯对白瑞德付出真爱，以致他们的感情生活出现深深的裂痕。后来，他们最心爱的小女儿不幸夭折，白瑞德悲痛万分，对郝思嘉的感情也失去信心，最终离开了她。白瑞德的离去使郝思嘉最终意识到自己的错误，然而一切已悔之晚矣。

——摘自《选择的艺术》

郝思嘉被一个并不爱她的男人蒙蔽了洞察爱情的双眼，一生都在追求一种虚无缥缈的感觉，追求一种并不存在的所谓爱情。当真正的爱情一直追随自己时，她却屡屡忽略。白瑞德选择了一个不爱自己的女人，也因此付出了宝贵的青春和感情，最终使自己伤痕累累。他们俩的选择都是错误的，致使自己白白付出感情，酿成了悲剧。

因而，真正完美的、能够长久地给人带来幸福的爱情，应该是两厢情愿、两情相悦的，是爱情双方互相认同和吸引的，是双方共同努力营造的。所以，"爱"与"被爱"要统一起来才能幸福，任何把两者割裂开来的爱都是不幸的、痛苦的。

王宇的妻子是带着孩子嫁给他的，而他却能视孩子如亲生。对于妻子小夏，他也大度地接纳了她的过去，原因就是他真的爱她。

王宇长相帅气，是一家公司的销售人员，当初他本来在父母的相亲安排下认识了一个温柔体贴的女孩，两个人聊得还不错，只是王宇从她身上找不到爱情的感觉。谁也没想到，没过多久，王宇去医院看病的时候，一个叫小夏的女子走进了他的心。

一天，小夏来医院准备打掉孩子，因为她和丈夫刚刚离婚，她不想以后拖着对方的孩子过。在医院，她碰巧遇到来看病的王宇，两人一见如故，因为当日医院妇产科排队的人太多，她不得不以后再去。小夏被王宇这个高大帅气又善解人意的男孩吸引了，而王宇对眼前的小夏忽然有种说不出的好感。于是，两人互相留了电话。

在后来的几天里，王宇以短信的方式安慰小夏，让她不要打掉孩子。就这样，你来我往，小夏和王宇坠入了爱河。王宇对外称孩子就是他的，虽然家里人知道，也表示了反对，但他还是顶着压力和小夏结婚了。

结婚之后，他们第二年又生了一个宝宝，一家四口过着幸福快乐的生活。

——摘自《生活那点事》

他们的故事其实很令人羡慕，尽管当初王宇通过相亲认识了一个不错的结婚对象，但是他却没有选择她，就是因为他们之间没有爱的感觉，而在小夏身上，他找到了这份爱的感觉，于是他们走到了一起。不仅如此，为了这份爱，他还不在乎她的过去，更难得的是他还接受了她的孩子，接受了她的一切。由此可见，爱的力量有多么伟大！

没有爱情的婚姻是十分危险的、脆弱的、更是经不起风雨的。爱与被爱就像镜子中的自己，你给他笑脸他也会给你笑脸，你给他拥抱他也会给你拥抱，你给他依靠他也给你臂膀，爱只有相互依存，才是最真实的幸福和快乐。如果你还没恋爱结婚，对于选择你未来的"另一半"一定要慎之又慎。不过，爱情终归是个人的选择，是向左？还是向右？怎么选择，就看自己怎么决定了！

放开手，让他走

不知道大家是否听过这样一首歌：一段感情就此结束，一颗心眼看要荒芜，我们的爱若是错误，愿你我没有白白受苦，若曾真心真意付出，就应该满足……若把爱情比作一支圆舞曲，那么跳舞的两个人必然要默契，因为只有默契的两个人才能踩着相同的步伐，依照相同的节奏，才能跳出曼妙的双人舞姿。当对方已经疲惫，不想再和你跳下去的时候，你却硬要抓着他的手，拖着他的身体。这种勉为其难的圆舞曲，迟早有曲终人散的时候。

当爱情已经不复存在时，不要再死拖硬拽强迫对方留在自己身边，也不必苦苦追问不爱自己的理由。若对方执意分开，那就潇洒一点，让爱随风而去吧！分开，并不一定代表不幸福，起码，他得到了他想要的，而你也得到了自由，不是吗？尽管放手让爱的人走，对我们每个人而言并不容易，但是这却是唯一能够让我们解脱的良药。否则，双方将会处在无休止的痛苦、气愤和沮丧之中。

爱情本是美丽的，这种美丽可以转化为一种积极向上的动力，然而爱情是需要交流和互动的，一旦没有了交流和互动，爱情的滋味就会有所改变。当彼此爱得痛苦的时候，不如放弃拥有。其实，并不是爱走了，我们的生活就无法继续了，有恋爱，就有失恋，这是在所难免的。我们不妨把它当作爱情成长的过程。是的，它只是人生的一个小插曲而已。所以，当爱要走时，我们不必哭得梨花带雨，我们不需要留恋这样的凄美画面。

曾爱着的那个男人是同在一个公司的同事，因为有女高层抛绣球，男人毅然地说要分手。

女人总是敏感的，直觉早就告诉了她，男人的心在受到女高层引诱后便有些飘忽了，常常心不在焉，似乎在做思想斗争，也似乎在寻找合适的机会说分手。于是，分手的画面女人早就像拍电影一样在脑海里上演了许多次。

终于有一日，女人打开房门，男人已经收拾好行李。男人说："我们分手吧！"

女人不假思索地说："好！"

从听到男人说分手到回答，没有丝毫的考虑与犹豫，一秒钟也没有。这不禁让男人有些吃惊，这种吃惊中还包含着失落。

男人似乎有些不甘心，便问她："你真的舍得？"

女人淡淡地回答："你不是已经舍了吗？我为什么还要留恋？"

男人说："你让我怀疑你到底有没有爱过我。"

女人说："你让我不用去怀疑你有没有爱过我。"

男人说："你为什么不挽留，也许我会留下来。"

女人不再回答，只是浅浅地笑了笑，离开了。女人的潇洒在转身后便崩溃了，阵阵心痛袭来。她怎会不想挽留？在男人犹豫的日子，她等待他做决定便已经是宽容与挽留。她本就是见不得爱情有一丝丝瑕疵的女人，她给予自己的底线便是：保留最后的尊严。男人犹豫那么久，说出分手，那就不必再浪费时间。

再者，前一刻说分手，后一刻索求挽留的男人，让她觉得离开是对的，没有伤心的理由。因为男人想要的并不是挽留本身，而是面子与自尊心作祟罢了。

当朋友纷纷劝她不要伤心时，她笑着说："我只用了一个晚上整理心情，现在我已经完全把他从我的生活中、心中、脑海中扔掉了。我不但不会哭，我还要笑。还好，还好在没有失去更多时便结束了，现在寻找幸福还来得及。"

——摘自《淡定的女人最优雅》

如果，爱情真的已经变质，回不到最初的模样，千万不要过多地留恋，一定要学会放手，在放手的同时也不必为这段感情而伤心，而抱怨，而喋喋不休，我们要尽快为自己找到一个可以重新开始的理由。

我们要明白，自己脚下的路还很长，一次感情的失败仅仅只是人生路上一个小小的逗号。即使这个逗号有些破碎，也并不妨碍我们继续走好后面的路。如果一味用痛苦、悔恨的心态来对待，迈不过去这个坎，只会错过下一个幸福。

有时候，放手也是一种美丽。

陈莉是一名小学教师，从事教育工作多年，已经快30岁了，对于一个女人，这个年龄已经是步入"败犬女王"的行列，可就是在这个当口儿，她还是和自己相爱多年的男朋友说了分手，这让周围的朋友都惊讶不已。

一次周末聚会，陈莉的朋友们叫上了她，一来是为了叙旧，二来也想让陈莉散散心。

那天，陈莉到了约定好的咖啡屋，朋友们一见她进来，就立刻停止了说话，都热情地跟她打起了招呼。陈莉心里明白，可能在她没来之前，大家正讨论的就是她刚分手的事。她没有多问，笑了笑，坐下来和大家一起喝起了咖啡。

刚开始，大家都没有提到她失恋的事，而是刻意聊自己的事，为了不刺激陈莉，大家连"家庭""老公""孩子"这样的字眼儿都没敢说。陈莉看大家都这么拘谨，反而不在意似的说："你看你们，我都失恋了，怎么都不关心一下？"

大家都愣了，顿时你看我，我看你……因为谁也没想到，提起失恋这个话题的竟是陈莉自己。后来，终于有一个朋友开了口说："这不是怕你心情不好，叫你出来就是为了让你开心，不敢问你，就是怕……"

她的话没有说完，陈莉轻啜一口咖啡，然后接道："怕什么？我呀，正想跟你们说说我的失恋心得呢！其实吧，这次分手我考虑了很久，毕竟我跟他已经在一起这么多年了，可正是因为这么多年，才让我看明白，其实我们并不适合在一起，如果现在不分手，硬是走进婚姻的话，对彼此而言都是痛苦，所以想一想，与其如此，还不如放开手，让他走！"

听完陈莉的话，大家心里都释然了，她们从心里佩服陈莉。从那刻开始，大家聊天就不再拘谨，想说什么就说什么，一直聊到傍晚才各自回家。

——摘自《婚姻感悟经典名言》

其实，不必把分手看成世界末日，两个人因互不了解而相爱，因了解而分手，反而是一件好事。即使有一方是被迫分手，至少可以早一点知道事情的真相，总比以后后悔莫及要好得多。分手也可能代表是一种新的契机。当两个人选择各奔东西的时候，若能放下过去，去重新认识彼此，未尝不是一件好事。

在爱情这条漫长的旅程中，分手犹如途中的驿站，走累了总需要进站休整好重新出发。那么该如何与已经道不同的旅伴分别，或怎样卸下身上的负重呢？在分手这个本来就悲情的当口儿，不负责任和没有气度的方式都会让这个痛苦的过程变得更难。对于曾经深爱过的人，即便是分开，也请给他留一个可以从容转身的空间；对于被爱情放弃的人，请学会以优雅的姿态放手，勇敢地去面对更好的自己。不爱了，就没有什么值得留恋的，爽快一点，优雅地对他（她）说再见吧。

别像泥人一般不分你我

在刀耕火种时期、在我们的祖父母时代，人们常常将"打碎一个你、打碎一个我，再重捏在一起，从此后，你中有了我、我中有了你"当作爱情笃深的标志。可是，这种"藤缠树，树恋藤"的"二合一爱情"到了现代社会，却难免令伴侣间感到牵绊过紧、神疲心累、日久生厌，甚至，让人生出"逃出围城放放风"的念头。

德国著名的黑格尔派美学家费歇尔说："我们只有隔着一定的距离才能看到美，距离本身能够美化一切。"我们欣赏一幅油画的时候，太近了看着不大像画，太远了画像又看不清楚，只有不远不近，恰到好处，才能看出"效果"。两个人之间的相处也是这样，需要保持一个恰到好处的距离。

王欣在结婚之前，问她的妈妈："妈妈，我就快要结婚了，你能告诉我在婚姻里，我应该怎样把握自己的爱情呢？"

王欣的妈妈没有说什么，只是走到院子里拾来一把沙，接着王欣的妈妈就开始用力将自己的双手握紧，这时，那些细碎的沙子开始纷纷从她指缝间滑落，她握得越紧，就散落得越多，等到她再把手张开，手中的沙子已所剩无几。

这时，王欣忽然就明白了，妈妈是在告诉她：手上的沙子握得越紧，它流失得就越快，夫妻之间的感情也是一样。爱如流沙，越是想要紧握，越是散落一地。要让彼此有一个距离，有独自的空间，如此一来，才能让自己的婚姻生活变得更加美满！

——摘自《手上的沙子握得越紧，流失得越快》

莎士比亚有句名言："最甜的蜜糖，可以使味觉麻木，不太热烈的爱情才能维持久远。"距离产生美，甜腻的感觉迟早会烦。爱情得来不易，只要真心就不用天天腻在一起，留一点空隙彼此才能呼吸，每天形影不离反而会让彼此索然无味，真正的爱情经得起放手，爱的秘诀就是保持刚刚好的距离。

有一篇文章叫《女人最想要的是什么》，文章最后说："有时我们是不是很自私？以自己的喜好去安排别人的生活，却没有想过人家是不是愿意？而当你尊重别人，理解别人时，往往得到的更多。如果我们多一些爱心，多给人一点关心，我们是不是也会得到更多的回报？"

恋爱婚姻中的男女，彼此都应该是独立的个体，拥有自由的空间、拥有自己的朋友、自己的爱好、自己的事业。在感性的爱情里也不要忘记留存一点理性的生活空间，不要试图去主宰什么，因为世上没有任何人愿意成为他人的傀儡。

在一个家庭中，完全可以有两片天空。能够彼此真正相爱的人，结了婚后，两个人如果都能为对方留有一片仅属于自己的天空，那么彼此也就都能各取所需，各尽所能，各得其所。你给对方越多空间，你们的心就会越紧密地连在一起。你们越容许彼此自由，你们就越亲密。因此，无论有多爱，都应该留给彼此一些空间。

29岁的美琪结婚已经3年多了，但总还像个孩子般依赖丈夫。平时，美琪几乎没什么朋友，一下班就回家与丈夫黏在一起，小到每天穿什么衣服，大到工作上碰到的难题，美琪都要靠丈夫为自己拿主意。

有一次，丈夫出差。晚上美琪一个人在家，可是翻来覆去地怎么也睡不着，觉得空荡荡的屋子里似乎总有什么可怕的东西躲在暗处。

在不停的胡思乱想中，美琪终于睡着了，她做了个梦，梦见她和丈夫及几个好友外出，遇到一伙劫匪设置了关卡，凡是过卡都要留下买路钱。丈夫走在前面，平安地过去了。可是自己却被袭击，奄奄一息地躺在了地上，远远地看着丈夫头也不回地走了。

顿时，她放声大哭了起来，哭着哭着就哭醒了，醒来已是满脸的泪水，美琪连忙给丈夫打起了电话。

当睡得正香的丈夫接起电话时，听到妻子因为半夜三更做了一个噩梦而在家里放声大哭时，既感到无比的心疼又感到万般的无奈。这样的妻子，叫他每次出差在外又怎么能放得下心来呢？

因此，每次只要丈夫出差超过一个星期，不仅美琪会有下地狱的感觉，对丈夫来说也是一种精神上的折磨，他总是非常担心，怕美琪有个什么三长两短的。

而美琪则必然是觉得坐卧不安，晚上睡觉总觉得很没有安全感，整天闷闷不乐甚至发脾气。当一接到丈夫在外地打给她的电话时，美琪就会在电话里大声地哭起来，还一个劲地要丈夫快点回来。

不仅如此，因为总想黏着丈夫，让美琪对待工作也渐渐地提不起热情。只要丈夫不在身边，她就会乱想，丈夫是不是和别的女人混在了一起？因为总这么胡思乱想，导致她在工作单位总是坐立不安，只想早一点下班，好快快回到丈夫的身边。这样的工作态度，最终导致美琪不幸地下岗了。对此，美琪觉得没什么，这样一来她什么时候想见丈夫，都有时间去见了，哪怕丈夫在上班时间。

在丈夫的眼里，美琪似乎已经变了，变得不求上进、不爱思考，也不喜欢工作，只贪图享乐，还胆小怕事，什么都要靠自己。自己似乎就像一棵身上紧紧地缠绕着菟丝子的树，无法伸展，也无法呼吸，随时有着窒息的危险。

——摘自《如何做一个会撒娇的女人》

赫尔岑曾说："人们在一起生活太密切，彼此之间太亲近，看得太仔细、太露骨，就会不知不觉地、一瓣一瓣地摘去那些用诗意簇拥着个性所组成的花环上所有的花朵。"保留适当的距离和空间,有利于保持夫妻间的神秘感和新鲜感。在美国、日本的社会调查表明,每周见一次面的夫妻感情最好,关系最稳定,因为这可让相互的爱情在若即若离中长久维持。

  两个人各自保留一定空间,这不能视之为对爱情的不忠,这是一种相处的艺术。相互深爱的两个人就像两只相互依靠彼此取暖的刺猬,远了,温暖不到对方;近了,会被对方身上的刺扎到。两个人都要学会慢慢调整爱的距离。

  世间有太多的美好,人生却很短暂。为了获得茫然地追寻着,"一生中,遇到一个懂得用心爱你或值得你去爱的人,是幸福"。但是,我们往往因为拥有而不会懂得珍惜彼此之间这份至爱。

  爱不是简单的占有。试图占有对方所有的空间,所思所想所为都由自己来控制,那不是爱。因为,对方只是你的亲密爱人,而不是机器人。请留给对方一些自由的空间,这不仅是对别人的尊重,也是对自己的尊重。

  爱人之间不仅要保留空间的距离,也要保持心理上的距离,有些时候,真的就是这样。夫妻双方因相爱而彼此走近,恨不能把对方揉进自己的体内,于是走进婚姻,长相厮守。最后,却因为过分的亲密而彼此受不了,只得分道扬镳。所以,不论是恋人还是夫妻,绝不能像泥人一般,真的揉在一起不分你我,要保留一定的心理距离才行,这样爱情才可以保持最美的模样。

爱要看开一点

在成长的过程中,我们每个人可能都有过"单相思"的经历。那么,到底什么是"单相思"呢?"单相思"其实就是先是自己爱上对方,然后想当然地希望对方也爱自己。在这种心理支配下,不考虑自己是否适合对方,却满以为对方就是自己理想的伴侣或心中的白马王子。

单相思的人有时也会体验到一些快乐,但更多的是情感上的痛苦。因为只是一方倾情而得不到对方的回应。"单相思"可发生在任何年龄段,这是一种正常的爱情心理。而且"单相思"大多"寿命"不长,据统计,"单相思"的平均寿命仅为36天,可以说十分"短命"。虽然"单相思"十有八九是热烈、纯洁、永世难忘的,但对被"单相思"的一方或外人来说,却又显得滑稽和可笑。

问题是,有些人在陷入单相思后,把自己淹没在苦海里而不能自拔。这种过分的单相思会导致严重的心理失调,如果这种心理问题不能及时疏导,很有可能酿成悲剧。

王芳在大学毕业后去了一所中学教书,在学校认识了同事陈帅。陈帅是一个英俊帅气的小伙子,是王芳很欣赏的那种。在打过几次交道以后,她的那种感觉有增无减,常常想念他,上课、吃饭都盼望能看见他。有时在路上偶然遇见,陈帅看上她一眼,就令王芳激动不已。

终于有一次，王芳当着其他同事的面跟陈帅表白了，陈帅当时很尴尬，看着周围同事都在起哄，自己想要开口拒绝，又怕伤了王芳的心，于是就只是笑了笑，算做了回答。王芳当时高兴地以为陈帅答应了自己，可没想到，在下班后，陈帅给她发了一条短信说："对不起，我不适合你，相信你一定会找到适合你的白马王子的！"王芳看完短信，蹲下去大哭很久。

陈帅以为王芳应该已经放弃自己了，却没想到第二天，王芳像没发生任何事一般开始给他带早餐，当着同事的面，他实在是不好拒绝。从那天开始，王芳给他带早餐带了整整三个月，期间，他说过很多次，不让她再带早餐了，可是王芳却当作没听见一般继续这样做。直到有一天，陈帅领着一个年轻漂亮的女孩向同事们介绍，这是他女朋友，准备"十一"举办婚礼，届时邀请大家光临。这一刻，同事们都愣了，眼睛不约而同地看向王芳，而此时的王芳就像一只惊呆的鸟，心一下凉了半截，她觉得陈帅这样做，让自己受到了沉重的打击，她决心要向他报复。

此后，陈帅只要一来上班，王芳就当着同事们的面对他冷嘲热讽，私底下却还是总发短信进行纠缠。有一次短信不小心让陈帅的未婚妻看到，两个人大吵一架，最后闹到要分手。陈帅终于受不了了，在他辞职之后，约王芳最后一次见面，愤怒之下就扇了她三个耳光。一时间，王芳情绪激动冲向马路，正巧一辆卡车开过来，一眨眼，人就倒在了血泊中。

——摘自《婚恋中女人不能犯的100个错误》

爱情的产生与恋爱关系的确立是双方的事，如同"一个巴掌拍不响"一样。陷入单相思只会给自己带来无尽的烦恼，因此应及时认清结局，另辟蹊径，寻找幸福、美满的新生活。千万不要因为得不到而产生报复心理，从而去纠缠对方，结果闹到最后，害人害己。

其实，不光恋爱中要如此，婚姻中也是同样的道理。有句话说得好："婚姻是心灵的归属。"虽然人们都把自己的爱人当作自己的心灵寄托，但是很多人在恋爱的时候只顾花前月下、甜言蜜语，根本就没有去理性地考虑进入"围城"以后到底是怎么一种情景。

很多婚姻出现问题的夫妇，总会抱怨对方不如婚前对自己好，不如从前百依百顺，两个人都试图坚持自己的观点，或者说总是在婚姻生活中执着地坚持着"真理"。各自都想改变对方却彼此都不愿让步。于是在不断的争吵中，婚姻开始变得不和谐，爱情不见了，温存也没有了，只剩下疲惫与争执……世间的事物往往是物极必反的：婚姻的一方越是想得到另一方的爱、越希望对方时时刻刻不与自己分离，而对方可能就越会远离，甚至背弃爱情。这种逆反心理在婚姻生活中很有市场，值得处在婚姻围城中的所有人重视。

人人都渴望美满的爱情，但是现实总是那么残酷，不断地打碎人们的美梦。自以为找到爱情，实际上却是陷入了爱的陷阱。很多人无力自拔，一生都在痛苦和心力交瘁中度过。其实，只要你勇敢一点，改变自己，就能走出这个陷阱。

人生原本如月季花一般灿烂，如星星一般闪烁。该追求时就追求，该参与时就参与，该放弃时就放弃，不要埋怨上天的不公，不要怨恨他人的冷漠，不要自暴自弃地糟蹋自己，唯有如此，才能迎接崭新的明天！

李楠和陈刚结婚后不久，彼此就发现性格不合，但是李楠因为房子问题不愿意跟陈刚分手。在他们结婚后的第三年，陈刚有了外遇，他们在外面租了房子共同生活。刚开始的时候，陈刚还一直隐瞒着，后来有一次被李楠撞见后，他就坦白了，并且跟李楠说："我们离婚吧！别为了一套房子再这么拖着，你要的话，我就给你！"

这样一来，房子问题似乎解决了，可是李楠却还是不想放手，因为陈刚出轨的事，让她心里就像被千万只蚂蚁噬咬那般难受，她对陈刚说："想得美，我偏不离，想让我成全你跟那个狐狸精，门都没有！"陈刚听后，无奈离开。

此后五年里，陈刚又多次回来跟李楠商量离婚的事，李楠还是不肯离，只要他一提离婚，她定要跑去街上叫嚷，之后再去婆家大闹一番。陈刚忍无可忍只好上法院申请离婚，前几次由于李楠总是当场晕倒，法院判了她胜诉，后来法院终于判了他们离婚，但那已经又过去三年了。

那天，从法院出来，李楠看着陈刚握着那个女人的手，顿时忍不住扑了上去，陈刚反应快，一把将她推倒在地，这一刻，她终于心死了。坐在地上，看着他俩人越走越远，李楠的眼泪终于簌簌掉了下来。

——摘自《婚恋中女人不能犯的100个错误》

李楠的悲惨和不幸也许就是因为自己不肯学会放手，即便对方已经对她没有一点留恋，她还是要为了报复而一直拖着对方，坚持不肯离婚。这样做，痛苦的却是两个人。

当婚姻出现问题时，善于经营婚姻的女性犹如一个良医，能通过"药物、手术"等各种途径，去除婚姻中的危机。那些应对婚姻危机时束手无策的女人，因不满丈夫对自己的不忠，采取一哭、二闹、三上吊的方式，结果往往并不能挽回婚姻，其结局只能是令自己伤痕累累。

幸福的家庭是用心经营出来的，婚姻是一个漫长的过程，它有时不是永恒，随时有可能坍塌。它很脆弱，更需要彼此的精心照料，用心去浇灌、去滋润，而不是简单地把它交给时间，让时间去检验它的"花期"，或者任由其自生自灭。

爱需要自由的空间，不能抓得太紧。有时候我们越是害怕抓不住对方，就越可能失去。当爱已经变质，我们千万不要产生那种"我不好，你也别想好"的报复心理，从而对对方做过多的纠缠，否则到头来，吃亏的还是自己！还不如看开一点，既然不爱了，就让彼此都放开双手自由飞翔！

爱情很贵，贵在相知

在我们每个人的心中，都希望能够找到那个自己爱并且爱自己的人，这是一个美丽的梦。徐志摩曾说："我于茫茫人海中寻找灵魂之另一半，得之，我幸；不得，我命！"看到这句话，就知道他的一生都在寻求一位灵魂相伴的伴侣，起初他喜欢林徽因，无奈林微因有了梁思成，所以他只能暗自伤怀；之后他遇到色艺双绝的陆小曼，从此便为了生计，奔波疲命，最后因空难不幸身亡，不知他在机毁人亡的瞬间，有没有怀疑自己是否真正找到了灵魂的另一半。

在滚滚红尘中要找另一半灵魂的爱人确实不易，有时甚至需要付出生命的代价。最为欣赏这样一句爱情名言：虽然你不是最好的，但我只爱你。仔细回味，这体现出的该是怎样一种乐观豁达而又理智执着的爱情啊！因为只有合适你的，才是最好的爱人。

有人说，男人和女人最重要的是相知相爱，相爱是一种用心投入的狭隘的情感，只有当两颗心能够天衣无缝地融合在一起，我们才会找到真爱。

张强已经是三十多岁的男人了，但是就在前不久，他离婚了。因为他爱上了一个刚来公司不久的年轻女孩。他爱女孩的年轻，爱女孩的优秀与美貌。而女孩鼓舞性的话语更是让他走火入魔，于是张强在一时冲动下就抛弃了结发妻子,也抛弃了当初他们之间的诺言,毅然决然地选择了离婚。

可离婚后的日子,并没有给予张强想象中那般快乐。因为他爱的那个年轻女孩移情别恋又爱上了别人,于是就扔下了张强,迅速地投入到那个男人的怀抱。因为女孩厌倦了张强的老气横秋,她要去寻找更刺激的生活,无论张强怎么哀求,女孩都没有再回头。

心碎的张强悲伤了好些日子,有一天,他终于克制不住自己,在酒吧昏暗的灯光里掩面而泣。他回忆起自己和妻子多年在一起的点点滴滴并与这个"新欢"对比:"我以前并不在乎妻子为我和这个家付出了多少,我也从来不知道马桶那么干净是因为经常清洗,我一直以为孩子会自己长大,我甚至以为每天回家有热乎乎的饭菜是理所当然的……"

——摘自《学会选择》

离婚了,才知道自己需要什么样的生活,才知道什么样的女人适合自己。张强的经历是具有普遍性的,不少人都曾为了"好的"放弃了"合适的",这正是很多人在爱情之路上不顺的原因。永远不要亲手毁掉自己原本幸福的生活,要知道,爱情就像捡石子,如果把合适你的石子丢弃在乱石堆,那么很有可能就再也找不回来了。到时候,追悔莫及也没有什么用了。

一位漂亮且聪明的女孩大学毕业后,拒绝了很多优秀男孩的追求,最后却选择了一个毫不起眼的男人结成夫妇。周围的许多人都觉得不可思议,就连她的闺蜜也不理解。她自己却很坦然,在众人疑惑的目光中,她披上了婚纱,和自己的爱人走入婚姻的殿堂。

多年以后,当她的同学都失望于当初的幻想破灭时,大家才发现:这位女孩并没有像他们当初所想像的那样,困在一个庸碌无为的家里,憔悴不堪,而是依旧光彩照人,并且还拥有一份成熟的雍容和深刻。他们手牵手地向众人走来,眼神中流露出的爱恋和从容,让在场的每一个人都怦然心动!这位女士告诉大家,她的男人不是最优秀的,他有许多的缺点,但这些在她还没有接受他的时候就已经知道了。但是,她认定了这个男人就是那个能和自己共度一生的人,她说:"爱情就像鞋子,炫目与否,入时与否,是给别人看的,而合脚不合脚,舒适不舒适,却只有自己清楚,冷暖自知。"所以她才决定今生今世,将自己的感情托付给这个在她遇到挫折时能够默默地帮助她、在她失意时能热情地鼓励她,并且从不索取任何回报的男人。

——摘自《珍惜身边的幸福》

就像这位女士说的一样,选爱人就像选鞋子,只要穿着松紧、大小合适,这样,脚就会很幸福。一个人虽然穿着档次很高、价格昂贵的皮鞋,可是鞋子很紧,根本不合脚,这时脚就会很不舒服,感觉到的只是痛和累。

在爱情面前,我们习惯把一切过于完美化,只跟着感觉走,却忘了理智,所以难免没有好的结果,也是因为有了爱情的失败让我们成长,所以现在我们才知道什么样的人适合自己,什么样的人可以托付一生。爱情不要选择最好的,要选择最适合自己的,一个懂你爱你,会心疼你的人才值得你付出一生去爱。

其实,对于我们每一个渴望获得幸福的人而言,最幸运的就是在这千千万万的人之中找到了那个适合和自己携手走一生的人,那个人会给你力量,会给你温暖,会让你看见属于你的幸福之光。所以,在他还没来临之前,我们千万不要做蠢事,不要轻易用世俗的眼光去衡量爱情,更不要因为别人的说辞而轻易开始一段爱情或结束一段爱情。

爱情是很贵的,要问贵在哪儿?其实就贵在两个人能心心相印。所以,在一份心心相印的爱情真的出现的时候,我们千万不要退却,要紧紧地抓住它,唯有如此,才能获得真正的幸福!

你若不离不弃，我必生死相依

对于爱情，每个人都抱着很大的希望，渴望永恒不变、至死不渝、天长地久。女孩希望找到一个疼爱自己、呵护自己的男友，开心时陪她笑，难过时陪她哭。男孩则希望找到一个温柔大方、善解人意的女友，忙碌时，她会主动地走开；压力大时，她就会温柔地回来。总之，我们希望一切优点都集中在自己的男友或女友身上。

只是我们在索取的同时，都忘了要为对方着想。我们得到了对方的付出，却视而不见；得到了对方的心，却不懂得珍惜。其实当你拥有爱情的时候，可能觉得也不过如此，也许根本不知道自己其实已经离不开对方，总是要等到对方离去以后才会明白，原来他（她）对你来说是那么重要。

人的一生当中也许会遇到很多爱你的人和你爱的人，但并不是每一个爱你的人都会一直守在你身边。所以，要学会珍惜眼前人！

女孩第一次与男友吃饭，是在一家淡水鱼餐馆。

那时她刚大学毕业，矜持，话很少，只是低低地笑。

一条鱼是那天桌上唯一的荤菜。两个人谁也没有先动筷子。终于，男孩忍不住了，夹起鱼眼放在她面前："喜欢吃鱼眼么？"

她不喜欢，而且她从来没吃过鱼眼，但却不忍拒绝，羞涩地点点头。

男孩高兴了，告诉她说：他很喜欢吃鱼眼，小时候每次家里吃鱼，奶奶都把鱼眼夹给他，说吃鱼眼可以明目，小孩吃了心里亮堂。自从奶奶死后，就再没人夹鱼眼给他吃了。

"其实想想鱼眼也没有什么好吃的，"男孩笑着说，"只是从小就被奶奶宠惯了。以后再吃鱼，鱼眼留给你，让我也宠宠你。"男孩笑盈盈地看着她。

她想笑，笑男孩的小题大做。以后只要吃鱼，男孩必定会把鱼眼夹给她。慢慢的，她习惯了，习惯了每次吃鱼之前都娇娇地等待男友把鱼眼夹给她。

分手，是在一个寒冷的冬天，那时男友已在市区买了一套房子打算结婚了。她哭着说，她不能在这个小城市过一生，她要的生活不是这样。余下的话她没有说——因为她美丽，因为她富有才华，她不甘心在这小城市待一辈子，做个小小的公务员。她要和男人一样成功，要做女强人，要实现年少时的梦想。

他送她走时，她连头都没有回，走得决绝，走得干脆。

在外拼搏多年，她的梦想终于实现了，已经有了家像模像样的公司，可爱情仍旧以一种寂寞的状态存在，她发现自己根本就再也爱不上谁了。

这么多年在外，应酬宴席必有鱼，可再没有人把鱼眼夹给她。她常常在离开时回头看一眼满桌的狼藉，与鱼眼对视。

一次特别的机会，她又回到了小城市，昔日的男孩已为人夫，她应邀去那所曾经属于她的房子里吃晚餐。他的妻子做了一条鱼，他张罗着让她吃，夹起一块细白的鱼肉放在她面前的盘子里，鱼眼给了他妻子。

这么多年，无论多苦多累都没有掉过眼泪的她，忽然哭了。

——摘自《细节中的真爱》

其实幸福无时无刻不在我们身边，但又有多少人懂得去珍惜呢？更多的时候，人们之所以感觉不幸福，是因为当幸福来临的时候，我们常常浑然不觉。等到幸福从自己手指间溜掉了才幡然悔悟，留给自己的只有挥之不去的痛苦，就像故事中的女孩一样，在爱情与财富、地位的选择中，她放弃了自己的爱情。从某个角度来说，她的人生是成功的，因为她实现了自己的理想。人生就是这样，有得必有失，重要的是，你必须知道自己想要什么。

苏阳是一个事业有成的男人，家境优渥，家庭和睦，可是后来由于他从事投机生意，结果一夜之间就变得身无分文，如遭洗劫。在一段时间里，他对自己的境遇守口如瓶，在妻子苏雯面前强装笑脸，因为他不忍心让她听到这个伤心的消息。苏雯以女人特有的敏感察觉到了苏阳的异样，她极力想以自己的温存体贴和脉脉深情给他带去欢乐。

有一天，苏阳已到了山穷水尽的地步，不得不对苏雯和盘托出了这一切。没想到，苏雯情绪好极了，她丝毫没有抱怨，对于苏阳只有理解、温存和安慰。

他们搬到一个寒酸的住处，身边的亲戚朋友知道后有暗中嘲笑的，也有劝苏雯赶紧离婚的，但是苏雯没有在意嘲笑，更没有动摇，她总是这么对别人说："夫妻要同甘共苦，有个爱自己的男人不容易，我得懂得珍惜。"从那时候开始，苏雯再也没有闲过，她生平第一次尝到了家务劳动的艰辛，但是她每天都唱苏阳最喜欢的歌，在苏阳回来时总是用笑容来迎接他。苏雯的歌声让苏阳充满了力量，他想到，自己曾经答应她，让她过上幸福的生活。所以，他对自己充满了信心，工作更加努力，并想尽一切办法挽回损失。

后来，他们又过上了像以前一样的好日子，但困苦时夫妻风雨同舟的动人情景却永远刻在他们的心中，尤其是苏雯那动听的歌声，总是会在苏阳的脑海中一遍一遍地回响。

——摘自《女人让男人成功的几个细节》

看到这个故事，我们心里总会有些感动，因为见多了"夫妻本是同林鸟，大难临头各自飞"式的爱情，这种同甘共苦的爱情就很令人羡慕。这是一个真实的故事，就是因为真实，才会让我们动容。

苏雯能够在困苦时期，选择珍惜身边的苏阳，再看看现实中的我们，是不是也能像她一样呢？这世上，最能考验一个人真心的其实就是苦难，爱情更是如此。因此，在爱情里，无论面临任何困境，只要我们觉得身边这个人是值得我们付出的那一个，那么就一定要学会珍惜，而珍惜的方式很简单，就是四个字：不离不弃。

"你若不离不弃，我必生死相依！"这句话，用来祝福每一个懂得珍惜爱情的人！

第五章

人生，永远没有太晚的开始

在现代生活中，很多人都很想成功，可是看看自己的资金，再看看自己的年龄，或者想想自己曾经失败时的悲惨模样就只能叹气地说："唉，太晚了！"其实，只要你想做，一切都还来得及！人生多姿多彩，只要活着就有机会创造奇迹！

认清自我方能绽放美丽

古希腊著名哲学家苏格拉底有一句格言：认识你自己。可能有人会说："我对自己再了解不过了，为什么还要认识自己呢？"其实，每个人对自己的了解都是不全面的，所以我们需要时时地去认识自己，了解自己，这样才能不断地成长、进步。

对我们而言，生活其实就如同一个蒙着面纱的人，很多时候，我们看不清它的真实面目，甚至有一种云里雾里的感觉。很多人都将这种情况解释为"只缘身在此山中"。那么事实是不是如此呢？其实在很多情况下，就像我们虽然是"身在此山中"，却根本就没有有意识地认识"山"一样，我们也很少意识到应该"认识自己"。

古刹里新来了一个小和尚，他去见方丈，诚恳地说："我初来乍到，先干些什么呢？请方丈指教。"

方丈说："你先认识一下寺里的众僧吧。"

第二天，小和尚又来见方丈，诚恳地说："寺里的所有僧人我都认识了。"

方丈微微一笑，说："肯定还有不认识的，再去了解了解吧！"

3天后，小和尚蛮有把握地说："寺里的所有僧人我都认识了。"

方丈还是微微一笑，说："还有一个人，你不认识，而且，这个人对你特别重要。"

小和尚满腹狐疑地走出方丈室，一个接一个地询问，一间屋一间屋地寻找。他无论如何想不出还有哪个他不认识但又对他特别重要的人。

有一天，小和尚在一口水井里看到了自己的倒影，豁然顿悟：这个他还不认识的人就是自己啊！

——摘自《认识你自己》

其实，很多人都跟上面的小和尚一样，虽认识了周围所有的人，却偏偏就忘了去认识自己，而没有认识自己的人怎么可能活出人生的精彩呢？所以，在我们没有完全认识自己的时候，千万不要盲目地探讨未来跟理想，那是不现实的，而且在这样的过程中，我们还特别容易迷失自我，从而找不准前进的方向。我们应该首先认识自己，再去探讨未来跟理想。我们每个人的身上都拥有属于自己独特的优势，都能找到特别适合自己的工作和事业，同时，我们也会拥有一些缺点，因为人无完人，我们不可能在每个领域都十分优秀，在某些领域甚至表现很糟。我们只有比较准确或大致对应地找到自己的成功目标或努力方向，机遇才会或早或晚、或近或远地垂青我们。

有的人在未发现自己的才能时，往往不能发挥自己的长处，学无成就，做无成果。同样，一旦发挥了自己的才能和潜质，无论是事业还是生活都能顺风顺水。客观地认识你自己，知道自己的长处，找到自己的发展方向，走一条适合自己的路，这样你才能成功。

一个年轻人，把自己多年积蓄的全部财产都投资到自己的事业之中，可是他在投资之前对市场判断并不准确，他的事业垮了。这时他的妻子又从原来的单位下岗，原本富足的家庭一下子失去了经济支撑，他处于绝境之中。他对自己的失败、对自己的那些损失无法忘怀，特别觉得对不起自己的妻子，毕竟那是他们半辈子的心血和汗水。好几次，他都想跳楼自杀，一死了之，可是为了妻子儿女，他最终还是放弃了自杀的念头。

一个偶然的机会，这个年轻人在一个书摊上看到了一本名为《简单生活》的旧书。他从这本书中看到了希望并且有了重新振作的勇气，于是决定找到这本书的作者，希望作家能够帮助他重新站起来。当他找到那本书的作者，讲完了他自己的遭遇时，作家却对他说："我以极大的兴趣听完了你的故事，我也很同情你的遭遇，但事实上，我无能为力，一点忙也帮不上。"

听到作家这么说，这个年轻人的脸立刻变得苍白，低下了头，嘴里喃喃自语："这下子彻底完蛋了，一点指望都没有了。"他一步一步蹒跚地走向门口，似乎是一步一步地走向死亡和毁灭。

作家见此情景，便说："虽然我无能为力，但我可以让你见一个人，他能够让你东山再起。"

年轻人立刻转过身，抓住作者的手说："看在老天爷的分儿上，请您立刻带我去见他。"

作者站起身，把年轻人领到家里的穿衣镜面前，用手指着镜子说："这个人就是我要介绍给你的人。在这个世界上，只有这个人能够使你东山再起。除非你坐下来彻底地认识这个人，否则你只有跳楼了。因为在你对这个人没有充分地认识以前，对于你自己或这个世界来说，都将是没有任何价值的废物。"

年轻人站在镜子面前，看着镜子里的那个满脸胡须的面孔，认真地看着，看着……年轻人哭了起来……许久之后，他紧紧地握着作者的手，然后步履坚定地走向门口……他明白了，不能让自己再颓废下去了。

几个月之后，当那个作家在大街上碰见这个年轻人时，几乎认不出来了。他的脸不再是几十天没刮的样子，脚步也异常轻快，头抬得高高的，衣着也焕然一新，完全是一个成功者的姿态。

这位年轻人对作者说："那天我离开您家时，只是一个刚刚破产的失败者，我对着镜子找到了自信。现在我已找到了一份收入很不错的工作，妻子也重新上岗，薪水也很不错。我想用不了几年，我一定会东山再起。也许再过几年，我再去找您，就会给您一份报酬，您应得的一份报酬，因为正是您的启发，我才得以去认识我自己，从而使我对人生又充满了信心。"

——摘自《自信的流浪者》

  其实，在这世上有很多已成事实的东西并没有办法改变，所以我们不必去抱怨，有这些抱怨的工夫，还不如重新认识一下自己，这样一来，或许会发现新的出路。我们每个人都有自己的优势，那么这个优势怎样才能得以发挥呢？这是认识自己的时候需要思考的问题。天地之宽、社会之大，只要你肯用心认识自己、发掘自己，那么无论你是一朵什么样的花，都会绽放出你的美丽。

你有正视过自己吗

我们每个人生来就不是完美的，有优点也有缺点。有些人面对自己的缺点，总是想办法遮掩，害怕别人笑话。其实，这样做不仅不会给自己带来好处，而且还会带来一些负面的影响。比如别人会认为你虚伪，不能正视自己的缺点而做错事情，让人感觉你不真实……正确的态度是坦然面对自己的缺点，不有意掩饰，敢于挑战自我，承认自己的缺点，这就能赢得大家的尊重，同时还能准确地找到属于自己的位置，创造自己的价值。

王强天生就身材矮小，而且相貌也很一般，天性还害羞，也害怕去交际。有一次，他被朋友们逼着去参加卡拉OK大赛，没想到的是，在那次大赛中他竟然拿了奖。

就在这次大赛中，有一个参赛的女孩引起了他的注意，她温柔的语气让王强感觉她是个文静的、多才多艺的女孩。尽管她相貌平平，不怎么漂亮，却使王强陷入了单相思。按照一般人的想法，要是喜欢上对方就会勇敢去追。当然，王强也不例外，他也想这么去做，可是想想自己身材矮小，相貌又一般，凭什么去追这样的女孩？经过一段单相思的煎熬后，王强终于鼓起勇气给她寄去了一封情书。

信寄出后，王强每天都在焦急地等待着回音。但时间一天一天地过去，已经一个多月了仍无音信，王强的心犹如被冰水浇凉。可谁也没想到的是，就在希望即将破灭之际，王强却意外地从朋友的口中得知了这个女孩的电话号码。经过一番思考和准备，王强终于鼓足勇气拨通了这个电话。

电话终于接通了，她的声音出现在话筒里，是那样的温柔，而王强原先准备的"台词"此刻一点也没用上，怎么办呢？王强还是逼自己至少跟她聊上5分钟。5分钟过去了，他们还没有放下话筒，但是聊的不外乎是生活、学习上的一些琐事。就这样，每个周末他们通过电话来拉近彼此的心，增进彼此的了解。

后来，王强才知道，原来这个女孩心中的白马王子的形象就是他自己。虽然他的个子矮，但是女孩子的个子也不高，相差太大反而不好；在女孩心里，虽然王强相貌平平，但是他心地善良，不会欺骗别人……

——摘自《人脉心理学》

王强的爱情故事告诉我们：只要你善于正视自己的优点和缺点，勇敢地去追求吧！一定能找到自己的真爱。这个世界上，十全十美的人是不存在的，每个人都会有优点和缺点。我们所要做的并不是掩盖自己的缺点，而是正视自己的优点和缺点，帮助自己寻找到自己的正确位置。

他出生在捷克布拉格的一个犹太商人家庭，从小性格孤僻，沉默寡言，懦弱胆怯，多愁善感，总喜欢一个人躲在角落里发呆。父亲对他很不满意，觉得这不是一个男子汉应该具有的性格。父亲片面地认为，只有那些活泼开朗、能言善辩、坚强勇敢的人，将来才会有出息。为了把他培养成这样的人，父亲煞费苦心，拿着皮鞭把他从家里赶了出来，逼着他与人交往，让他做自己不喜欢做的事情。

刚开始，他很难过，试图去改变自己，做一个让父亲喜欢的好儿子。可是，正如人们所说的那样"江山易改，本性难移"，无论他怎么努力，始终无法战胜内心的怯弱，做到口若悬河，当机立断，英勇神武，奋不顾身。与其他同伴相比，他发现自己是那样格格不入。那段时间，他自卑到了极点，觉得自己一无是处。

父亲的严厉和粗暴非但没能改变他，反而令他更加恐惧和不安，变得比以前还要懦弱、胆小。在父亲一次次的伤害中，他学会了察言观色，学会了承受和忍耐，也体会到了生活的痛苦与无奈。他常常把自己一个人关在屋子里，小心地审视着周围的一切，生怕再受到任何的伤害。看到他这副没出息的模样，父亲彻底失去了信心，索性不再管他，任他自生自灭。在父亲的眼里，他是一个彻头彻尾的懦夫，一个毫无前途可言的可怜虫。

就这样，在困惑与伤痛中，他一天天地长大成人，性格还是没有丝毫的变化，内向，怯弱，多愁善感。但出人意料的是，他并非像父亲想象的那样无能，18岁时他就考入了布拉格大学，并获得了博士学位。

更令人震惊的是，一次偶然的机会，他走上了文学创作的道路，他把对生活的感悟、怯懦的性格、孤僻忧郁的气质、难以排遣的孤独和危机感，以及无法克服的荒诞和恐惧，都融入到小说之中，形成自己独特的小说风格。他的作品成为那个时代资本主义社会的真实写照，他的《变形记》《判决》《城堡》等作品享誉全球、经久不衰，成为奥地利最富盛名的作家，被誉为"西方现代派文学的宗师和探险者"。

他就是表现主义文学的先驱、现代派文学的鼻祖弗兰兹·卡夫卡。

——摘自《总有一片土地适合自己生长》

卡夫卡性格上的缺点，并不能说明他的无能，恰恰内向的性格成就了他独特的文风，成了他的优点。俗话说得好："世界上没有绝对完美的东西。"不管你是"神仙"还是"上帝"，你都不是完美的，所以学会正视人性的优缺点是必须的。每个人都应该充分了解自己的优缺点，正视自己的优缺点，进而发挥优势，克服缺点。否则，就很难成功。

在生活中，如果我们希望自己有所成就，那么就必须学会正视自己的优缺点，如此一来，才能对自己的能力和不足有一个恰当的分析，而这种分析能促使我们想办法扬长避短，充分展示自己的才能，创造属于自己的独特价值。

如果现在的你还在一筹莫展，不知道自己该怎么发挥自己的能力，那么不妨站在镜子面前问问自己：你正视过自己吗？如果没有，那赶快来正视自己，分析一下自身的优缺点吧。也许，它会让你明白现在的你适合做什么。

"思考"是成功的法宝

在这个世界上，人与人最大的不同在于思维方式的不同。一个善于思考的人无论是在工作上，还是生活上都会走在前面。每一个成功的人都是善于思考的人，否则他的成功也只能是偶然并短暂的。然而思考并不是一件简单的事情，首先你需要有思考的动力。

每个人都渴望自己在事业、生活等方面都能获得成功，渴望自己的人生有价值，渴望被别人重视。可遗憾的是，很多人虽然已经很努力，却最终没能实现自己的目标，过着浑浑噩噩的生活，在平庸中打发了一生。

为什么会出现这样的情况呢？这主要是因为他们缺乏每日反省和思考的习惯。如果一个人不能及时对自己的错误进行反省，久而久之就会变得麻木，陷于生活和事业的困顿之中，并形成一种恶性循环。或许很多人会怀疑：思考的力量有这么大吗？其实我们都知道思考可以改变世界，更何况改变一些挫折呢？

一家烟草公司派推销员去某地销售香烟，那位推销员到了那里后，正逢当地实行戒烟月，不让他刊登广告。这倒也罢了，偏偏天气又很糟糕，几乎每天都在下雨，带来的一批香烟眼看就要发霉了。如果等一个月再卖，那么住旅馆的费用又会增加不少。

这些倒霉事赶到一起，对于推销员真是雪上加霜。他虽然急得团团转，但没有怨天尤人，没有打道返回，而是每天苦苦地思索，寻找解决的良策。

这天，推销员偶然一抬头，忽然看到房间悬挂的"禁止吸烟"的标语，便灵机一动，闭塞的思路由此打开，他想出了一个"逆中求顺"的促销高招。于是，他跑到当地一家较大的报社，在报纸上刊登了一则这样的"禁烟"广告："禁止吸烟，连××牌的香烟也不例外。"

这个广告连登了5天，引起当地人的极大兴趣和关注。一些吸烟的人心想："××牌香烟是啥香烟啊？它与别的牌子香烟有啥不同？怎么也要禁止？"这则广告引发了吸烟者极大的好奇心。他们愈是好奇，愈要尝试一下××牌香烟。在这种情况下，推销员带来的香烟很快被抢购一空。

——摘自《成功无处不在》

思考确实能改变困境，对于一个人是这样，对于一个企业也是这样。马可·奥勒留在《沉思录》一书中写道："我们的生活，就是由我们的思想创造的。"只要打开智慧之窗，习惯于开动脑筋想问题，那么一切难题就不成问题。事实上，我们身边的无数事例已经证明，要想做"困难"的终结者，要想跨过那一个个难关，就必须积极开动脑筋想办法，因为想办法是有办法的前提。

李达和金涛是公司物流部门的副经理，最近他们遇到了一件很难办的事情：原来由于灾害天气，他们公司发往西藏的三车皮货物不能按时抵达了，这让一向重视信誉的公司分外难堪。

恰逢总裁出差，一切重担就都压在了李达和金涛身上。两人虽然职位相同，但是面对这个困境，作出的选择却截然相反。李达知道情况后，马上积极联系铁路部门，询问是否能够寻找其他方式使货物准时到达。在得到铁路部门否定的回答后，他又马不停蹄联系公路等其他运输方式。与之相比，金涛则稳坐钓鱼台。他给西藏的合作公司打了电话，告知对方因为"不可抗拒力"因素，货物可能延迟到达的情况，然后对这件事就不闻不问了。金涛这种态度让西藏合作公司分外恼火。对于李达想方设法找其他运输途径的行为，金涛却不以为然："现在铁路都断断续续的，货物那么多，他上哪里去找车皮？空运？多贵啊！这事就只能这么办。费那个力气干吗？"

世上无难事，只怕有心人，李达的努力换来了回报。一天以后，已经连续工作二十多个小时的李达终于把问题全部搞定了：他联系了七家与西藏地区公司有合作的贸易伙伴，把自己的货物分成七份，分别加在了他们能够开往西藏的货车里。就这样，虽然费了很多周折，但货物最终赶在合同最后期限的当天上午，全部抵达了西藏。

公司总裁回来以后，对李达的努力和机智非常欣赏。不久以后，他就被委派到下属分公司担任总经理了。而金涛，则继续在物流部门担任着副经理。

——摘自《不是没办法，而是没想法》

李达和金涛面对困难，采取了截然不同的做法。李达去思考解决问题，而金涛则让自己的大脑放了"大假"。这两种截然不同的反应，在公司看来往往就意味着两种工作模式，或者说是两种不同的员工类型。毫无疑问，能够积极去思考，去解决问题的李达更受公司的欢迎，而金涛这类员工，则往往是低质量和低效率的代表，是安全事故和职场麻烦的制造者。

由此可见，思考的力量是不可小觑的。懂得思考的人，才能一步一步地走上成功之巅，就像尼采那样，即便饱受心理的折磨，却从未放弃对生命的思考。因为如果没有思考，我们就不可能有成熟的行为，更不可能有成功的结果。

"行成于思毁于随"，说明思考的重要；"眉头一皱，计上心来"，说明思考的作用。只有勤于和善于思考的人，人生才会有价值！

思考的力量是无穷的，既能让人绝处逢生，也能让一个濒临破产的企业重新焕发生机。无论我们遭遇何种挫折或失败，只要我们善于思考，一切都将朝着有利于我们自己的方向发展。所以，在生活中，我们应该学会思考，充分发挥思考的威力，让思考成为我们获得成功的法宝，迈过沟坎，砍断荆棘，最终走向成功！

花时间"填饱"我们的大脑

有句话说得好:"活到老,学到老。"知识是无穷的,我们只有不断学习才能不断更新自己的知识。只有不断更新自己的知识,才能跟得上时代发展的步伐,踏上成功的阶梯。知识可以改变人的命运,而获取知识的首选途径就是读书。贫者因书而富,富者因书而贵。许多仁人志士,都是因喜欢读书获得了大量知识,从而增长了才干,最后取得了成功。

在整个人类的发展史中,知识一直都扮演着最重要的角色,任何一个时代的人都不会忽视学习和知识的重要性。中国古代有种说法:说一个人如果想出人头地、成就大业,必须具备五个条件——一命、二运、三风水、四积阴德、五读书。可见,我们祖先早就认识到了学习的重要性,具备了知识改变命运的观念。

可是"命""运""风水"这些东西,我们根本无法捉摸,更无法掌握;而"阴德"——做好事的回报,我们也没有办法预期。在这五个条件中,我们唯一可以把握的就是"读书",所以,努力读书学习是我们改变命运的唯一方法。古今中外无数杰出人士的成功经历都印证了这个道理。

一百多年前,在波兰华沙的一所小学里,有一个叫玛丽亚·斯克沃多夫斯卡的女孩。

一天,吃过饭后,姐妹们都在一边做游戏,而小玛丽亚拿了一本书坐在书桌旁看了起来。姐妹们打闹的嬉笑声太大了，她就用两个手指塞住耳朵，继续专心地看书。小伙伴们有时逗她，她连眼皮也不抬一下。

这时，小玛丽亚的表姐来了，看见小玛丽亚专心的样子，不禁觉得好笑，就想捉弄她一下。于是，她们搬来几把椅子，在小玛丽亚身后堆成了一个塔状，然后悄悄躲在一边，准备看小玛丽亚的笑话。谁知小玛丽亚沉浸于书本里，半个小时过去了，竟没有察觉。

正当小伙伴们等得不耐烦时，小玛丽亚读完了一本书，准备再换另一本，她刚一抬头，只听得"哗"的一声，椅子全倒了下来，碰到了小玛丽亚的肩膀。姐妹们大笑着四处跑开，她们以为小玛丽亚要追赶着打闹起来。她们跑出了一段距离，却发现没有一个人被小玛丽亚追赶。她们感觉奇怪，难道小玛丽亚受伤起不来了？大家扭头回来想看个究竟。让姐妹们吃惊的是，小玛丽亚换了一本书又坐在原来那个位置看了起来，好像没有发生过任何事情一样。大家面面相觑，不得不佩服小玛丽亚读书的劲头了。

玛丽亚中学毕业后，当了家庭教师，但她渴望继续上大学。然而，波兰大学当时是不收女生的。她梦想能去巴黎学习物理和化学，她姐姐希望到巴黎学医。于是，姐妹俩开始一点一点地积攒去巴黎求学的费用。后来，姐姐先到巴黎，玛丽亚留在波兰挣钱供姐姐上学。

5年后，姐姐获得了博士学位。玛丽亚来到巴黎索尔本学院求学，她穿着破旧的衣服，住在简陋的小屋里，饿了经常用面包和茶水填饱肚子。在大学期间，玛丽亚像一块海绵，贪婪地吸吮知识的乳汁。图书馆是玛丽亚经常去的地方，一次，她忘记了吃饭，竟然饿得晕倒在图书馆里。几乎每天晚上，她都要去图书馆看书，直到闭馆的时间才回家。回到寝室，她在油灯下，一直看书到凌晨一两点。

冬季，玛丽亚晚上睡觉的时候常常被冻醒，她只得爬起来，把自己所有的衣服都穿在身上再重新躺下。艰苦的生活，刻苦的学习，一度折磨得玛丽亚容颜憔悴。但在索尔本学院的学位考试中，玛丽亚则以优异的成绩获得了物理学硕士第一名。

此后，玛丽亚仍旧孜孜以求，从不倦怠。1898年，她与丈夫皮埃尔·居里共同发现了镭和钋两种放射性元素。1910年，她又提炼出金属镭。她就是曾两次获得诺贝尔奖、享誉世界的著名女科学家——居里夫人。

——摘自《居里夫人成功的故事》

居里夫人之所以成为获得两次诺贝尔奖的第一人，是她对知识的渴求和不断努力学习的结果。无论是古代还是现代，无论是仕途还是商道，人们都把知识看成是实现自己理想的阶梯。只有掌握了大量的知识，才有功成名就的希望。如果读书不多，又想一举成名，可能性是很小的。许多人都懂得这个道理，于是读书人越来越多。

很早的时候，西方有个银行家和一个读书人打赌。银行家对文化人说："如果你能关在一间屋子里待10年，只是读书，不干任何事情，不与任何人来往，我给你200万美元。"

那个读书人很高兴地答应了。对他来说，读书是件很愉快的事情，于是，一场为期10年的读书开始了。银行家每天派人给那关在屋里的读书人送书送饭。

那个读书人开始只要娱乐性的书籍。后来他开始读历史、人物传记，再后来他读的书就更广泛了，天文地理企业经济无所不包。

10年时间快到了，银行家却快要破产了。银行家想杀掉那个读书人以逃避200万美元的赌注。

有天晚上，当他带着匕首悄悄溜进那间屋子里时，却发现那个读书人早已经逃走了。桌上留下了一张纸条：

"这10年的读书生活给了我无穷的财富，我已经不稀罕你那200万美元了，我有信心比你挣得更多。谢谢你给了我一个读书的大好机会。再见！"这个读书人后来成了亿万富翁，一举成名。

——摘自《勇于抓住机会》

"书中自有黄金屋"，读书能增加我们的知识，开阔视野，更能让我们找到人生的财富。

孔子曾经说过："发愤读书，乐以忘忧，不知老之将至。"这句话表明：孔子终其一生在读书方面都是孜孜以求、不断进取。如今知识更新换代的速度非常之快，我们更应该学习新的文化科学知识以及一些专业的技能知识，还有一些为人处世之道，这样才能不断地提升自己的能力。

作为人，我们每天要一日三餐来填饱肚子，这样才不会感到饥饿，那么我们有没有想过花时间来"填饱"我们的脑子呢？对我们的大脑而言，知识就是粮食，就是米饭，我们同样不能忽视大脑的饥饿。只有"填饱"了大脑，我们的能力才能不断得到提升，才能在这个日新月异的社会拥有一片属于自己的蓝天！

我们的祖先都是白手起家的

每个人都有自己的梦想。有一小部分人会为自己的梦想努力拼搏；而绝大部分人却总是在观望，不愿为梦想付出切实的行动；更有一部分人会反复否定自己的梦想，因而会一个劲儿地抱怨。对于那些因害怕失败而不敢正视自己梦想的人们，我们可能经常会听见他们说这样的话："本来就是个穷人，手里又没有钱，谈什么开始啊！还不如承认自己是穷人，就这么活着吧！"

我们要是跟他们一样想的话，那么人生就会少去许多精彩。其实，很多富人都是从穷人堆中慢慢走出来的。在他们成为富人之前，他们在物质上也过着跟穷人一样的生活。与大部分穷人不同的是，他们有着不一样的思想，他们想的是：虽然我现在是个穷人，但我只要努力，愿意从零开始，那么我以后就一定不是穷人！于是，这样想的他们毫不犹豫地干起来了，最后，事实也证明，他们成功了！

在如今社会中，有一些年轻人怀揣着梦想去做了，但最后失败了，这时，他就会很消极，认为自己永远都不会成功。千万别这么想，我们不能因为一次失败就否定了全部。

深圳有一个大老板，创办了一家食品公司，身家数千万，非常成功，在食品行业赫赫有名。但他是从身无分文开始的。

他最初是从内地去深圳做投资的,有一次,他头脑发热,把自己所有的资金连同从朋友那里借来的钱都投进了股市,结果输得精光,成了一无所有的流浪汉,还欠了朋友的债。他想爬到30层楼上去往下一跳就此了结一生。但是,他见过几个炒股亏本跳楼的,脑浆迸裂、惨不忍睹,他放弃了跳楼的想法。

有一天傍晚,他把手上的手表卖了,买了两包大中华香烟,一个人悄悄来到深圳与香港交界的河边。

他坐在河边的石头上拼命抽烟,打算把两包中华烟抽完后,往身上绑块大石头,往河里一跳了事。绳子和石头都准备好了,烟也快抽完了,他准备给自己绑石头,突然,他看到河里有很多黄菜叶子在漂流,有很多鱼在抢着吃黄菜叶。他眼前一亮:那不是钱吗?我为什么要死?我为什么不从头再来?原来,上游有家大型菜市场,到傍晚收摊时,清洁工要把许多黄菜叶都倒进河里喂鱼。

他捞了一些黄菜叶子回家,洗干净,放进一个从邻居家里借来的大坛子里,运用老家做腌菜的方法,在大坛子里加上食盐,然后密封起来,一周后取出,就是上好的腌菜。

他把腌菜卖到工厂的食堂去,物美价廉,很受欢迎。于是,他又办起了食品加工厂,并把那腌菜取名"雪里红"。

经过几年的艰苦努力,他从一无所有重新走向了辉煌,闻名大江南北。

——摘自《从自己设的枷锁中解放出来》

看了上面的故事,我们有什么样的感想呢?其实,这世上,只有弱者才会把一无所有当作自己失败的借口;而成功者却把一无所有当作成功的机会。相信自己能成功的人会不畏一切艰难,即便是经历滔天骇浪,也要翻江倒海到达理想的彼岸。

李素儿斯文、温婉,一副学者的面容,镇定而善良。她是中山大学物理系科班出身,曾经是学生会副主席。满怀理想,准备走学术的道路,以科学献身国家民族，希望将来造福人类。但是，1957年，她自己被认定为思想右倾，这使她心灵上受到了重大的创伤，家庭受到了伤害。

1958年，她带着四元港币离开了自己生长的土地来到香港。照理，她可以得到在美国父亲的支持。但是，两地相隔，一言难尽。没有本钱的创业，她，以一个科学家的科学精神，坚持奋斗。她，温文中寓着刚毅的个性，从白手起家到兴家，从最低下的工作做起。一位怀抱科学家理想的年青人走进了工厂女工的行列。科学是踏实的，她也是默默而踏实的。

人生总有风浪，潮头也有高低，连科学实验也要经过千百次才能成功。居里夫人百折不挠的精神鼓舞她做工，晚上补习，读完英专又考上工专。五年之后，丈夫也来团聚了，以后，她的三个孩子也都长大，懂事了，也同妈妈一样坚强，不怕困难，埋头创业。她搞工厂从基础做起，早年开加工厂，创业维艰，她从租用几百平方米的地方开始，到今天厂房7000平方米，厂房增加近10倍。当年生产玩具、洋娃娃衣服，又为美国名厂加工，以车缝为主。三年后，她开始建立自己的工厂。她开的是五金厂，从制造家用普通制品开始，逐步朝优质制品发展。

没有本钱的创业，到今天，她已成为华文实业有限公司的创办人兼总经理。她的产品有许多从原理到外形都达到申请专利水平，可见她产品原创性甚高。多年来，她坚持生产家庭制品，近年又扩展业务至生产家庭电器制品。产品远销欧美各国。

——摘自《白手起家的创业故事》

人生遭遇的不幸和危机，就是促使李素儿成功的前奏曲，是她成功的开始。人生的道路上，危机越严重，痛苦越厉害，灾难越多，你的成功也越大。就是说，人在困难时，他的想法就会改变，这就给他成功带来一个转机，使他更加聪明，更加有韧性，更有勇气，他就能一往无前。因为一无所有，他就没有任何牵挂，没有任何顾虑，也没有任何负担，因此，一无所有就是一个大好机会。这就是穷则变、变则通的道理。因此，面临不幸和灾难时，我们不应悲观，不应消极，应该以积极的心态勇敢接受命运的挑战！

　　我们千万不要忘记：我们的祖先都是白手起家的，他们没有任何基础，也没有任何经验，一切从零开始，摸着石头过河。只要你足够勇敢并能坚持不懈，你也能够白手起家，你也一样能成功。一穷二白就是最好的机遇。有形的资本是有限的，而众多因素所构成的无形资本其价值却是无穷的。只要你愿意挖掘，学会利用，那么，你所付出的每一份辛劳都会得到回报。能否成功，最关键的还是你的勇气和决心。

第五章　人生，永远没有太晚的开始

没有人能随随便便成功

失败到底是什么？对于这个问题，不同的人有着不同的答案。那些害怕遭遇失败的人往往这样认为，失败是一种负担，让人有着极大的压力。勇于挑战失败的人则认为，失败是一种经历，一种磨炼。它会使我们的生活更加丰富，使我们的意志更加刚强。不能经受失败的人，也不会有什么大的作为。

如果哪一天有机会走进长青文化公司李宇晨的办公室，你可能马上就会觉得自己有一种"高高在上"的感觉，这是为什么呢？因为他办公室内各种豪华的摆饰、考究的地毯、忙进忙出的人潮，以及知名的顾客名单就是最好的证明，它们都在告诉你，他的公司是很成功的。

然而，这些成功的背后却藏着无数的辛酸血泪。李宇晨回忆说："我创业的时候，头六个月就把自己十年的积蓄用得一干二净，并且一连几个月都以办公室为家，因为我付不起房租。其实再直白一点地说，我当时的窘境已经到了没有明天饭钱的地步，但我仍然没有放弃我的理想，我曾婉拒过无数的好工作，无数好的兼职。我为了自己的理想，找过好多投资者，好多朋友，但我都被拒绝了。整整3年的时间，我都在艰苦挣扎中，但我从来也没有一句怨言，不是我不想说，而是我不敢说。害怕我一说出来，我就会不进则退，害怕我一说出来，我就会以此为借口放弃我的理想。所以我一直在说：'并不是我不想成功，只是我还一直在学习的阶段。这是一种无形的、捉摸不定的生意，竞争很激烈，实在不好做。但不管怎样，我还是要继续学下去。'也许正是因为这番话，我坚持了下来，最终我实现了我的理想，我做到了，而且做得轰轰烈烈。"

"无数次，我被朋友们追问同样的问题：'创业的时候被那些困难折磨得疲惫不堪了吧？'对于这个问题，我总是一笑了之。但在我的心里却这样回答：'没有啊！我并不觉得那很辛苦，反而觉得是受用无穷的经验。'"

——摘自《经历60件事学会生活》

这就是李宇晨成功的经历，他的经历启发我们：成功并不是"高不可攀"的，只要我们有战胜困难的精神，并坚持下去就可以了。

有的人如果遭受了失败的打击，他只会整天躲藏在角落里，什么都不能做。在那一段时间里，他会觉得自己像个失败的拳击手，被那重重的一拳打倒在地上，头晕眼花，满耳都是观众的嘲笑声，满心都是失败的感觉。

虽然成功是我们每个人所渴望的，但是人生没有永远的成功。也就是说，失败是人们无法避免的。那为什么有人能够把失败当作机遇，最终拥有成功？有人却被失败彻底打倒了呢？

大家有没有注意过一个现象——小孩子学走路的时候，无论摔得多么疼，爬起来还要走。在孩子看来，疼痛是必然的，他没想过这是一种对摔跤的惩罚，也没觉得走路摔跤了下次就可以不摔，这叫无知者无畏。

热爱"失败"说得通俗一点叫胆大，就是对疼痛没感觉，这里所说的没感觉并不是真的没有感觉，而是把疼痛的接受度提高。比如自己摔了一跤，很可能站起来就走，但如果有人绊倒了你，你很可能要怒气冲天。其实，真正让我们感到愤怒的并不是外界给我们的疼痛，而是我们对疼痛的反应。同样，真正让我们停止进步的不是失败，而是我们对失败的反应。

为什么人一长大，就没法再像孩子那么快乐？因为我们害怕失败给我们带来的反应。

比如，在大庭广众之下，小孩看到一个滑板，他想玩儿，他就冲上去滑，不管会不会。但成人就不一样了，他们害怕别人笑话，不仅是笑话摔倒，也笑话自己滑得不专业。

俗话说："失败是成功之母。"也就是说，要想品尝成功的甘甜，先要经历失败的痛楚。

有部日本青春偶像剧《101次求婚》很推崇这种精神——对心爱的"成功"的追求就要有"101次求婚"的勇气，不怕打击和挫折，一次又一次，等到"精诚所至，金石为开"，成功就离你不远了。

其实，"101次求婚"的逻辑就是小孩子的逻辑。经历失败是正常的，从来不失败是不正常的。要想成功，就要"热爱"失败，从失败中获得勇气。在面对失败的时候，我们要学习的首选榜样就是小孩子，像小孩子那样爱上失败，对失败充满热情。为了成功，我们就应该从心底接受"失败是成功之母"的训诫。要获得成功，就必须有拥抱失败这样一种心态。

遍布世界的迪斯尼乐园以及迪斯尼系列的卡通片、漫画书，不仅是孩子们的最爱，就连成人也有不少为之痴迷的。而迪斯尼王国的创始人沃尔特，年轻时就有过多次遭受失败打击的经历。

沃尔特·迪斯尼年轻时想当一名艺术家，于是就到当地的明星报社去应聘。然而，报社主编说迪斯尼的作品"没有思想"，拒绝了他。这令迪斯尼万分沮丧，心灰意冷。此时，因为身上已经没有钱了，他不得不流落街头。

不久，迪斯尼临时找到一个替学校作画的工作，报酬少得可怜，仅够勉强度日。迪斯尼借用单位的废弃车库作办公室，辛勤地工作着。在艰难的生活中，迪斯尼没有消沉，依然不忘自己的梦想，把空余时间全都用在了绘画上。

后来，迪斯尼去好莱坞摄制一部卡通片，然而等待他的依然是失败。他又一次变得一无所有——既没金钱，也没职业。但这一切的穷困潦倒并没有使他气馁，也没有浇灭他的希望，他仍然顽强坚持创作。

再后来，迪斯尼画了一幅米老鼠的卡通画，鼓起勇气拿给好莱坞的一位导演看。导演看后大为惊奇，就录用了他。从此，米老鼠成为世界上家喻户晓的卡通动物，迪斯尼也由此走上了自己辉煌的事业之路。

——摘自《想要获取成功，先要学会拥抱失败》

迪斯尼的故事告诉我们："不经历风雨，怎么见彩虹，没有人能随随便便成功。"一个人若是不经历风雨的洗礼，挫折的鞭策，是不会看见艳丽的彩虹，拥抱到成功的。其实，人生中的挫折并没有我们想象中的那般可怕，它的存在，在一定程度上有助于我们更好的成长。一旦我们战胜一次挫折，我们就会进步一分。挫折是我们通往成功路上的"拦路虎"，我们只有勇敢地去面对挫折，战胜挫折，才能成为真正的强者，看到胜利的曙光！

每天多做一点，就能更早看到黎明

生活中，我们每个人都想崭露头角，力争上游，争取自己的成功。可是，当每个人都这么想的时候，你靠什么脱颖而出呢？别人不比我们傻，我们也未必比别人聪明，那么我们靠什么成功呢？答案很简单，却很少人注意到，那就是：比别人多做一点。

有一名很出色的推销员曾经说过这样的一句话，这句话是他毕生推销总结出来的经验，他说："你要想比别人优秀，就必须坚持每天比别人多访问5个客户。""比别人多做一点"，这是事业成功者之所以成功的秘诀。

"比别人多做一点"是无数卓越人士和组织极力秉承的理念和价值观，被许多著名企业奉为圭臬。"比别人多做一点"是指：在工作中，要比别人"看得更远一点、做得更多一点、动力更足一点、速度更快一点、坚持的时间更久一点"。它体现的是一种勤奋、主动的精神，一种坚忍不拔、永不放弃的意志，一种行动迅速、做事准确的能力。在现代社会，企业需要的正是这种人：他们不仅能很好地完成分内的事，还会想尽办法比别人多做一点。

我们虽然都是世间的凡夫俗子，但只要耐心播种"一方桃李"，必会收获"满园春色"，关键在于你是否"比别人多做了一点"。

王丽娟上学时就是一个动手能力很强的学生，并不因自己是女孩，就拒绝或逃避体力活，比如搬饮水机、抬校报黑板等。参加工作后，她一如既往，爱做事多做事。

新人进门，王丽娟也坐过冷板凳，很长一段时间，她的工作内容就是接电话、发传真、订盒饭等，但她从没有表现出不满。老同学聊天时，大部分人抱怨的内容如出一辙——"领导简直不知道重用人才"，一腔无法大施拳脚的郁闷。

但王丽娟可不这样想，她觉得谁也不能"空降"到领导岗位上，既然出自名校，就更要把小事情做好，不让别人质疑你的能力。

事实上高层领导都很看重员工第一阶段的表现，他们把这叫做"心理成熟与否的考察期"。果然，实习期满，王丽娟的鉴定评语是"非常棒"，被分配到公司重要部门——市场监理部；而那些"过得去""一般"的新员工都被分配到二线部门，或者是重要部门的二线岗位，继续接受"心理锻炼"。

一开始，王丽娟做基本的财务工作。一般人做这个工作，无非是每天拿着计算器，复核一下别人算出来的简单账目，或者抄抄报表账单之类。而王丽娟的原则就是：小事情也要做得与众不同，做出"大动静"来。

为了把这些谁都能做的小事做得精致美观，做得不一般，王丽娟会一边抄写，一边把更多的精力放在财务分析上，仔细分析数字背后的意义。她每次都会在报告后面附一段话：或是对数字的质疑，或是对公司前景的建议，或是几句很客观但又能体现个性的问候语。很快，通过王丽娟做的这些"闲事"，上级领导便多了一个了解她的渠道。通过她写下的只言片语，开始欣赏她的敬业精神、独特的处事态度。

一年后，王丽娟做了市场监理部的主管，许多比她早进来的同事向她求教："我从不承认自己比别人笨，但在这个岗位上一做就是四五年，上级也很肯定，却一直没有实质性突破，内心苦闷之极，你说这是为什么？"

王丽娟笑答："做任何事情，都要比别人多做一点。"

——摘自《比别人多做一点儿》

王丽娟的成功就是能够在小事上做得认真细致，能够多为公司发展思考，能够多为领导操心做事，能够比别人多做一点点。有时，在工作中我们不必比别人多做许多，只需要多做一点点就已足够，就会让旁人刮目相看。当你多做了一点小事时，从乏味的工作中你会体会到一种愉悦，这种快乐不是任何辞藻所能形容的，只有你自己能意会。你大可不必在乎那些只知道站在高高的枝头上翘着尾巴的"评论家"说些什么，你只需坦诚地展现自己的能力与才华。

卓越者之所以卓越，正是因为他们除了做好本职工作以外，还要做一些不同寻常的事情来培养自己的能力。假如我们能保持"每天多做一点"的工作态度，定能使你从工作中脱颖而出。其实，绝大部分的老板、领导都不会亏待那些积极进取的人。

20世纪20年代初，余彭年出生在湖南省娄底地区一个小商人的家庭，少年时到省城长沙求学，毕业后帮助父亲打点生意。可是时局动荡，生意也不好做，他只身一人去了上海，在那里做过清洁工、勤杂工，还开过书店。

26岁的时候，他两手空空来到香港，成为一名打工仔。人地生疏，言语不通，英文不好，广东话又听不懂，加之他又没有任何背景，找个工作实在不容易，经过几番努力，终于有一家公司接纳了他。尽管他文化不低，但只能做一名勤杂工，每天做一些收拾厕所、打扫卫生的工作。工作来之不易，余彭年很是珍惜。平时，他老老实实勤勤恳恳地工作，把厕所和其他员工的办公室收拾得干干净净。如果只是工作时间完成这些工作，也就不算什么出奇了。关键的是，到了休息日，别的勤杂工都休息或者跑出去逛街、游玩去了，他考虑到休息日公司也时常有人加班，于是他照常坚持打扫卫生，给加班的工作人员一个干净、舒适的工作环境。

半年后的一个休息日，老板来公司加班，当得知他每个休息日都是这样工作时，第二天，老板就把他调至公司办公室工作。由于他工作勤奋又善于思考，又不断得到提升，一直做了公司的总经理。几年后，余彭年觉得自己单干的时机成熟了，于是向公司老板提出要自己开公司。老板了解他的能力，不仅答应了他的要求，而且还在资金上大力支持他。余彭年的公司不断发展壮大，很快他就成了香港知名商人。

——摘自《机会就在某一处等你》

对于余彭年来说，机会就是比别人多做一点，多出一份力，多洒一份汗水。因为他多做了一些，才让老板发现了他，才有了继续做得更好的机会。

何止是对余彭年呢？机会对每个人都是一样，任何一个机会都不会主动找上门来，都需要用我们的勤奋和努力去创造。有人说，机会对每个人都是均等的，实际上有许多时候并不是这样。躺在床上张大了嘴巴去等待的人，获得馅饼的机会基本就是零；而下到田地里挥洒汗水播种、耕耘的人，收获的自然是甜甜的馅饼。机会给予这两种人绝对不是均等的。

因此，我们应该多想想"我能为老板多做些什么"。一般人认为，忠实可靠、尽职尽责完成分配的任务就可以了，但这还远远不够，尤其是对于那些刚刚踏入社会的年轻人来说更是如此。要想取得成功，还必须"比别人多做一点"。

"付出多少，得到多少"，这是一个众所周知的因果法则。虽然你的投入不一定能立刻得到相应的回报，但不要气馁，只要一如既往地多付出一点。这样，回报可能会在不经意间，以出人意料的方式出现。

其实，若是我们在平时的学习和工作中总是能比其他人多做一点的话，那么我们距离成功可能就更近一点。"比别人多做一点"，是一种难能可贵的生活态度，也是一种不可多得的人生智慧。

每天努力"多做一点"，我们才能比别人更快一点接近成功。我们要相信：无论在何时何地，只要我们肯付出努力，那么就一定会有收获！如果我们已经付出了很多却没能获得相应的回报，那么请不要气馁：我们只要一如既往地坚持下去，比别人再多做一点儿，回报早晚都会到来。只要我们在平凡的岗位上坚持"每天多做一点"，就能比别人更早地看见黎明！

成功的人无一不是利用时间的能手

"成功的人无一不是利用时间的能手！"这是数学家华罗庚说过的一句话。这句话告诉我们：一个人想要成功，时间管理非常重要，成功者大多是出色的时间管理专家。时间不仅是人人皆有的资源，而且是人生最大的资本。实际上，我们只要扎扎实实地用好每一分钟，就一定会成才、有所作为、享受美好的生活及健康长寿。

有些人一生都没有利用好时间，有些人只是利用好了青春，有些人只是利用了一生中的几年，一流人才则总是尽量利用好每一天，而高手们则会尽量利用好每一分钟乃至每一秒钟。纵观高级人才的行为，很少有浪费时间的行为，他们的成功实质上是利用时间上的成功。

一滴水确实微小，但无数滴水却能汇聚成广阔的海洋。如果我们能把握好每天的业余时间，将点滴的时间用作自我提升、积聚力量，那么一月、一年下来，我们就能在这些业余时间里收获良多。

鲁迅的成功，有一个重要的秘诀，就是珍惜时间。鲁迅十二岁在绍兴城读私塾的时候，父亲正患着重病。两个弟弟年纪尚幼，鲁迅不仅经常上当铺，跑药店，还得帮助母亲做家务；为不影响学业，他必须作好精确的时间安排。

此后，鲁迅几乎每天都在挤时间。他说过："时间就像海绵里的水，只要愿挤，总还是有的。"鲁迅读书的兴趣十分广泛，又喜欢写作，对于民间艺术，特别是传说、绘画有过深入的研究。正因为他广泛涉猎，多方面学习，所以时间对他来说，实在非常宝贵。虽然他一生多病，工作条件和生活环境又不好，但他每天都要工作到深夜才肯罢休。

在鲁迅的眼中，时间就如同生命。美国人说，时间就是金钱。但我想："时间就是性命，倘若无端的空耗别人的时间，其实是无异于谋财害命的。"因此，鲁迅最讨厌那些"成天东家跑跑，西家坐坐，说长道短"的人。在他忙于工作的时候，如果有人来找他聊天或闲扯，即使是很要好的朋友，他也会毫不客气地对人家说："唉，你又来了，就没有别的事好做吗？"

——摘自《时间就像海绵里的水要挤总会有》

鲁迅每天都在充分地利用着时间，靠着自己的勤奋坚持学习，每天进步一点点，才让他始终没有被快速发展的时代抛到后面，也使他有足够的智慧应对生活中发生的各种事情。所以，鲁迅能有这样的成就，绝非偶然。我们要向鲁迅先生学习，即便我们每天只在闲暇时间里获得1%的进步，如滚雪球似的前进，那么，终有一天这每天的1%也会创造出奇迹，从而带来一场"翻天覆地"的变化。

福特汽车创始人亨利·福特说："大部分人都是在别人荒废的时间里崭露头角的。"从一个年轻人怎样利用零碎时间就可以预见他的前途，因为自强不息、追求进步的精神，是一个人卓越超群的标志，更是一个人成功的起点。

14岁那年，艾里斯顿认识了爱德华，他的家庭钢琴教师。

在一次授课时，爱德华好像无意地问他："你每天用多少时间来练琴？"

"大约三四个小时。"艾里斯顿答道。

"每次练琴，时间都很长吗？至少要一个多小时？"

"我想是这样的。"

"不，不要这样！"爱德华抬起头来认真地说，"等你长大以后，你每天不会再有这么多的空闲时间用来练琴。你必须从现在开始养成这样一个习惯：一有空闲，就坐下来练几分钟。比如：你在午饭之前、上学回来之后或者将来的工作之余，五分钟、五分钟地练习。不要放弃这些零星的时间，这样，弹钢琴就成了你日常生活的一部分了。"

24岁那年，艾里斯顿成了哥伦比亚大学的一名教授，他开始想要兼职搞创作。但是，每天白天要上课、开会，晚上批改学生的作业，还要准备第二天的课，他觉得自己的时间被完全占用了。在两年的时间里，他没有写一个字，因为他觉得自己实在是没有时间。

直到有天晚上将要入睡的时候，他突然想起了爱德华的话。当年由于年幼疏忽，艾里斯顿对爱德华的话未加注意。现在回想起来觉得真是至理名言，他觉得自己应该行动起来，做一点事情了。

在接下来的一周里，只要一有空闲，艾里斯顿就坐下来写一百来个字，或者仅仅是几行字。让他惊讶的是，一周过后，他发现自己竟然积攒了相当多可供采用的稿子。

用这种积少成多的方法，艾里斯顿开始创作长篇小说。尽管他的教授工作一天比一天繁重，但他仍然有许多可利用的闲暇时间。与此同时，他还没有间断练习钢琴。他发现，只要把每天的闲暇时间都利用起来，足够自己从事写作和练习钢琴了。

随着时间的推移，艾里斯顿还总结出一些规律：要事先对自己所做的事情有所思考。如果自己只有五分钟的时间，绝不能把前三分钟用于咬笔头，而当工作时间来临时，自己要迅速把精力集中到工作上去。只要自己毫不拖延，又充分地加以利用，这些零星的时间就会积少成多，给自己带来充裕的时间。

多年以后，艾里斯顿成了美国著名的诗人、小说家和出色的钢琴家。

——摘自《抓住生活中的点滴空闲》

其实，生活中有很多零散时间可以利用，如果你能充分利用，化零为整，那你的工作和生活将会更加成功。

很多人虽然总是埋怨自己的时间太少，但却对生活中的零散时间视而不见。随着网络的普及和完善，越来越多的人把时间耗费在了网络上。当然，不排除一部分人是通过网络聊天来进行业务往来，联系感情，增进友情，但据不完全统计，网上聊天的内容99%都是毫无意义的。

除此之外，人们还把大量的闲余时间用于打网络游戏。他们整日整夜地泡在网上，只是为了找寻一种解脱，为了解闷。这些人在网络游戏里得到了娱乐和放松。但是在纵情放松的时候，有没有想过自己的花样年华正在一点点地流逝？尽管这些时间都很短暂、很零碎，但你是否想过要把这些时间都充分利用起来，去做一些真正有意义的事情呢？

事实上，这些所谓闲暇时间的每一分钟，都是我们生命的一部分。每天多利用5分钟，一年下来，10年下来，我们将会拥有一笔巨大的时间财富，足以支撑我们做成任何一件大事。

如果我们想要在有限的时间内做出优秀的业绩，或者想要在人生的道路上做成一件大事，那么就必须懂得珍惜和利用好自己的时间，尤其是工作之外的业余时间。否则，许多宝贵的时间就会白白流失，让你与成功无缘。

第六章

唯有不愿将就的人,才会拥有成功

　　现代生活的节奏越来越快,人们总是不堪负荷,面对层出不穷的困难,人们总是想:咬咬牙忍着吧,生活就这样了,将就着过吧!其实,就是因为这样想,人才变得没有出息,没有本事。人活一次不容易,怎么能老想着将就呢?只要你不愿将就,你才能通过努力获得成就!

你穷，因为你没有野心

在生活中，若是你形容一个人有雄心、有志向，那么就代表他很有上进心，很有抱负，他听了会觉得很开心。但是你若是形容一个人有"野心"，那他就会在潜意识里以为你说他占有欲很强，好像要抢走别人的东西似的，所以他会拉下脸来，显得很不高兴。没有办法，因为自古以来，"野心"在多数情况下被人们认为是贬义的。

不过，现在却不同了，有心理专家研究表明，"野心"是成功的关键因素。在生活中，我们不难发现，正是因为缺乏野心，缺乏远大的目标，许多人得过且过，不思进取；许多人墨守成规、不敢创新；许多人自满，许多人懒惰，许多人保守……而真正的成功者，无一不是具有进取"野心"的人。所以说，想成功，就要有点"野心"才行，没有野心是做不了大事的。

巴拉昂曾经是法国一位年轻的媒体大亨，以推销装饰肖像画起家，在不到十年的时间里，他迅速跻身于法国五大富翁之列，1998年因患前列腺癌在法国博比尼医院去世。临终前，他留下遗嘱，将他4.6亿法郎的股份捐赠给博比尼医院，用于前列腺癌的研究，另有100万法郎作为奖金，奖给那些揭开贫穷之谜的人。

巴拉昂去世后，法国《科西嘉人报》刊登了他的一份遗嘱。巴拉昂在遗嘱中说:"我曾是一个穷人,去世时却是以一个富人的身份走进天堂的。在跨入天堂的门槛之前,我不想把我成为富人的秘诀带走,现在秘诀就锁在法兰西中央银行我的一个私人保险箱内。谁若能通过回答穷人最缺少的是什么而猜中我的秘诀,他将能得到我的祝贺。"

遗嘱刊出之后,报社收到大量的信件,有人骂巴拉昂疯了,有人说《科西嘉人报》是为提升发行量在炒作,但是多数人还是寄来了自己的答案。

绝大部分人认为,穷人最缺少的是金钱。穷人还能缺少什么?当然是钱了,有了钱,就不再是穷人了。还有一部分人认为,穷人最缺少的是机会。一些人之所以穷,就是因为他没有遇到好时机,股票疯涨前没有买进,股票疯涨后没有抛出。总之,穷人都是穷在背时上。另一部分人认为,穷人最缺少的是技能。现在能迅速致富的都是有一技之长的人,一些人之所以成了穷人,就是因为他学无所长。还有的人认为,穷人最缺少的是得到帮助和关爱。每个党派在上台前,都会给失业者大量的许诺,然而上台后能真正关爱他们的又有几个?另外还有一些其他的答案,比如:穷人最缺少的是皮尔·卡丹外套,是《科西嘉人报》,是总统的职位,是沙托鲁城生产的铜夜壶,等等。总之,答案五花八门,无奇不有。

在巴拉昂逝世周年纪念日那天,律师和代理人按照巴拉昂生前的交代在公证部门的监督下打开了那只保险箱,在48561封来信中,有一位叫蒂勒的小姑娘猜对了巴拉昂的秘诀。蒂勒和巴拉昂一样,也认为穷人最缺少的是野心,即成为富人的野心。在颁奖之日,《科西嘉人报》带着所有人的好奇,问年仅9岁的蒂勒,为什么会想到是野心,而不是其他的答案。蒂勒说:"每次我姐姐把她11岁的男同学带回家时,总是警告我说不要有野心!不要有野心!我想,也许野心可以让人得到自己想要得到的东西。"

——摘自《主动赢得一切》

巴拉昂的谜底和蒂勒的回答见报后,引起不小的震动,这种震动甚至超出法国,波及英美。后来,一些好莱坞的新贵们和其他行业几位年轻的富翁就此话题接受电台的采访时,都毫不掩饰地承认:有时候野心是创造奇迹的萌发点；某些人之所以贫穷，大多是因为他们有一种无可救药的弱点，即缺少野心。

人们在确定人生目标时，总是被告诫：一定要量力而行，不要脱离实际。但这不是保守的借口，不是不思进取的理由。确定目标，不能只盯在眼前的事物上，不能只满足于一些鸡毛蒜皮之类的事情，而要有大的志向、大的决心和大的行动，也就是说要有一定的远见，一定的野心。

没有野心的人只看到眼前。相反，有野心的人心中装着世界。野心，是一种高于现状的伟大理想，是一定要实现的宏伟目标。在这个世界上，只有不敢想、不敢做的事，却没有干不成的事！你的野心有多大，未来就有多宽广。

可能谁也没有想过，一个贫苦不堪的勤杂工，却因一次人前的难堪，一次刻骨铭心的受窘，竟然在日后成为举世瞩目、无比富有的女中豪杰！

最初，她在一家大公司里，是工作在最底层的员工，每天的工作就是端茶倒水，清扫卫生，根本没有人注意她。一次，因为没带工作证，她被公司的门卫拦在门外，不准进入。她告诉门卫，自己确确实实是公司的员工，此次外出是为公司买办公用品。然而她好话说了一大堆，门卫仍然对她不屑一顾，不准她入内。

这期间，她眼睁睁地看着那些年龄相仿、身着职业装的白领们先后进入了公司的大门，根本没有出示工作证。于是她问门卫："这些人没有出示工作证，怎么也都进去了？"门卫用一种鄙视的目光上上下下打量了她一番，冷冷地一摆手，那意思就是说："走远点，别烦我！"她感到了莫大的羞辱，自尊心仿佛被人狠狠地踩在脚下，踩个稀巴烂！她看看自己寒酸的衣着和手中推着的脏兮兮的平板车，再看看那些衣着华丽、气质不凡的白领们，她的心被深深地刺痛了，骤然品尝到被人歧视的酸楚，她的脸突然发烫，浑身颤抖。

这时，就在这时，一个誓言，在她的心头轰然炸响：我一定要创造奇迹，成为万人瞩目、举世闻名的成功者！让这种耻辱永远地埋藏地下！

从此以后，她开始利用一切机会来充实自己。每天，她第一个来公司，最后一个离开。她分秒必争，将别人随随便便丢掉的时间都花在了学习和工作上。很快，她脱颖而出了，在同一批聘用者中，她第一个做了业务代表。接着她又依靠超人的努力，成为这家跨国公司中国区总经理！她学历并不高，只有专科文凭，在中国的经理中被尊为"打工皇后"，后来，她又任微软公司中国公司的总经理。她，就是商界女杰吴士宏！

——摘自《机会永远只留给有远见的人》

试想，如果当初，吴士宏没有改变命运的决心，没有成为富人的野心，或许她一辈子都是那个贫穷而卑微的勤杂工。是野心，是无坚不摧的野心，让她最终铸就了今天的成就！

你穷，是因为你没有极度渴望成为富人的野心！你穷，是因为你像燕雀一样缺乏鸿鹄之志！你穷，是因为你无法战胜自己内心的怯懦！你穷，是因为你缺乏变不可能为可能的勇气和巨大决心！

有了野心，你才能克服一切自卑、自弃，激发出你的全部潜能。有了野心，你才能坚持不懈、不断学习和改进，以最快的速度完善自己。有了野心，你才会不畏一切艰难险阻，敢于创造出别人不敢、也不能的奇迹！

所以，不论现在的你家境有多么不好，地位多么低下，你都不能轻易否定自己。看看出身贫寒的李嘉诚，看看敢闯敢干的马云，你为什么不能像他们一样有一个想当富人的野心呢？要想改变现状，唯有靠自己努力。要记住：你不是不可能富起来，你现在之所以这样穷，就是因为你什么都不敢想！什么都不敢干！最重要的就是：你穷，因为你根本没有野心！

拖延是种病，得治

在人类所有的习惯中最为有害的习惯是什么？大家知道吗？说出来可能大家都想不到吧，它就是"拖延"。许多人就是为拖延的坏习惯所累而与成功绝缘，甚至酿成悲剧。所以，现在的我们应该竭力避免拖延的习惯，就像避免一种罪恶的引诱一样。

拖延是一个温柔的"坏人"，它会在你不知不觉的情况下盗走你的时间、品格、能力、机会与自由，而使你变成它的奴隶，供它使唤。想一想，就让人觉得害怕。

哥伦布的名字想必大家都听过，但你知道他是如何发现新大陆的吗？其实，哥伦布还在求学的时候，偶然间，他读到了一本毕达哥拉斯的著作，知道地球是圆的，从此他就牢记在脑子里。

经过很长时间的思索与研究以后，哥伦布大胆地提出：如果地球真是圆的，便可以经过极短的路程而到达印度了。自然，许多有常识的大学教授和哲学家们都赞成他的意见。然而，其他的一些人对他所说的意见都不同意，而且他们还告诉他：地球不是圆的，而是平的，然后又警告道，他要是一直向西航行，他的船也就有可能会驶到地球的边缘而掉下去……这不是等于走上自杀的路途上去了吗？

在这个时候，哥伦布并没有因为他人对自己的看法而放弃自己的推论。因为他对这个问题很有自信，只是当时的他家境贫寒，所以没有钱来支持他去完成这个冒险的梦想。于是他想到自己可以想办法从别人手中弄些钱来，帮助他完成梦想。但是，当时他空等了17年，还是无人捐款赞助。这时候，他心里就明白：不能再这么空等下去了，否则梦想只会变成泡沫，他要开始自己行动了。为此，他启程去见皇后伊莎贝露，沿途穷得竟以乞讨糊口。

幸运的是，皇后对他的梦想十分赞赏，于是就赐给他船只，让他去从事这种冒险。然而让他为难的是，那些水手们都怕死，没人愿意跟随他去，于是哥伦布鼓起勇气跑到海滨，捉住了几位水手，先向他们哀求，接着劝告，在没有办法的情况下，只能用恫吓的手段逼迫他们去。另一方面他在那里请求着皇后释放那些狱中的死囚，允许他们去冒险成大事，以此而免罪恢复自由。

等他们一切准备妥当以后，1492年8月，哥伦布率领三艘帆船，开始了一个划时代的航行。就在他们刚开始航行的几天里，就有两艘船破了，接着又在几百平方公里的海藻中陷入了进退两难的险境。这个时候，他就亲自拨开海藻，才得以继续航行。

而他们就这样，在这个浩瀚无垠的大西洋中航行了六七十天，也不见大陆的踪影，水手们都失望了，他们要求返航，否则就要把哥伦布杀死。而哥伦布兼用鼓励和高压的方法，说服了那些船员。

真是天无绝人之路，在他们继续向前驶进的时候，哥伦布忽然看见有一群飞鸟正在向西南方向飞去，他立即命令船队改变航向，紧跟着这群南去的鸟。因为他明白，海鸟总是飞向有食物和适于它们生活的地方，因为他预料，附近可能有陆地。哥伦布就这样一直跟着这群鸟，果然发现了美洲的新大陆。

——摘自《哥伦布的故事》

我们不难想象，哥伦布如果一直等下去，必定会一生蹉跎"空悲切，白了少年头"，美洲大陆的发现者就可能改变成其他人了，成功的桂冠也永远不会属于哥伦布了。哥伦布从美洲带回了大量黄金珠宝，并且还得到了国王的奖赏，并以新大陆的发现者名垂千古，最终成为英雄。这个结果都是因为行动，并且因为行动，发现美洲大陆的所有权属于哥伦布。要是他不抓住那个时机，不主动地去探求一番，相信今天科学史上不会有哥伦布这个伟大的名字。

"夜长梦多"这一俗语，最让人感慨。夜长梦多是指做某些事，如果历时太长，或者拖得太久，这个时候就很容易出现一些问题。"夜长"了，"噩梦"自然也就会随之增多，而睡觉的人总会受到意外的惊吓，反而降低了睡眠的质量。同理，如果做事犹犹豫豫，或是久拖不决，也就会错失良机，"失时非贤者也"。

如果我们能以最大的热情，按合理的方式制订自己的目标计划，那么我们在事业上就一定能取得相应的成就。然而我们总是有憧憬而不能行动，有理想而不能实现，有计划而不去执行，终至坐视这些憧憬、理想、计划——幻灭和消逝。

一位年轻的女士在怀孕时，非常高兴地在丈夫的陪同下买回了一些颜色漂亮的毛线，她打算为自己腹中的孩子织一身最漂亮的毛衣毛裤。可是她却迟迟没有动手，有时想拿起那些毛线编织时，她会告诉自己："现在先看一会儿电视吧，等一会儿再织。"等到她说的"一会儿"过去之后，可能丈夫已经下班回家了。于是她又把这件事情拖到明天，原因是"要陪着丈夫聊聊天"。

等到孩子快要出生了，那些毛线还像新买回的那样放在柜子里。丈夫因为心疼妻子，所以也不催她。后来，婆婆看到那些毛线，告诉儿媳不如自己替她织吧，可是儿媳却表示，一定要自己亲手织给孩子。不过她又改变了主意，想等孩子生下来之后再织，她还说："如果是女孩子，我就织一件漂亮的毛裙，如果是男孩就织毛衣毛裤，上面一定要有漂亮的卡通图案。"

孩子生下来了，是个漂亮的男孩。在初为人母的忙碌中孩子渐渐长大，很快孩子就一岁了，可是他的毛衣毛裤还没有开始织。后来，这位年轻的母亲发现，当初买的毛线已经不够给孩子织一身衣服了，于是打算只给他织一件毛衣。不过打算归打算，动手的日子却被一拖再拖。

当孩子两岁时，毛衣还没有织。

当孩子三岁时，母亲想，也许那团毛线只够给孩子织一件背心了，可是背心始终没有织成。

……

渐渐地，这位母亲已经想不起来这些毛线了。

孩子开始上小学了。一天，孩子在翻找东西时，发现了这些毛线。孩子说，真好看，可惜毛线被虫子蛀蚀了，便问妈妈这些毛线是干什么用的？此时，妈妈才又想起自己曾经憧憬的、漂亮的、带有卡通图案的花毛衣。

——摘自《小故事感悟人生》

看到上面的故事，让我们知道，所谓的拖延，无非就是对生活和工作的逃避，任其最后不了了之。"明日复明日，明日何其多，我生待明日，万事成蹉跎。"这是清代诗人钱鹤滩对喜欢拖延时间的人的忠告。拖延是一种坏习惯，也是一种缺点。在生活中，如果我们要想一直走在别人的前面，那么就不要等待"事情会发生好转"，让自己活在自我的世界里。拖延的事物多了，我们就会形成难以改变的惰性。因此，做事不能拖延。

《左传》中谈到古代战场作战策略"一鼓作气，再而衰，三而竭"。我们做一件事也是这样，随着时间的推移会变得越来越没有心情、耐心。对于现代人而言，拖延已经成了一种疾病，所谓的"拖延症"就是这么产生的！既然是病，我们就得去治，所以，克服拖延，是我们现在就要去做的事。

那么怎样才能够克服拖延呢？最有效的方法就是"立即行动"。只要我们"立即行动"，那么拖延就在瞬间跟我们说了"拜拜"。所以，从现在开始，想做什么就立即行动吧！

进取，进取，再进取

中国人有句口头禅，叫"知足常乐"。"知足"虽然能"常乐"，却不利于一个人时时鞭策自己，永不停息地进取。

鲁迅先生说得好："不满足是向上的车轮。"成功从来没有止境，一个人要进入更高的成功境界，创造更大的业绩，就必须拥有一颗"不知足"的心。永不知足才能进取无止境；进取无止境是一切成功者的特质。

有一天，尼尔去拜访多年未见的老师。老师见了尼尔很高兴，就询问他的近况。

这一问，引发了尼尔一肚子的委屈。尼尔说："我对现在做的工作一点都不喜欢，这份工作与我学的专业也不相符，整天无所事事，工资也很低，只能维持基本的生活。"

老师吃惊地问："你的工资如此低，怎么还无所事事呢？"

"我没有什么事情可做，又找不到更好的发展机会。"尼尔无可奈何地说。

"其实并没有人束缚你，你不过是被自己的思想抑制住了，明明知道自己不适合现在的位置，为什么不去再多学习其他的知识，找机会跳出去呢？"老师劝告尼尔。

尼尔沉默了一会说："我运气不好，什么样的好运都不会降临到我头上的。"

"你天天在抱怨，而你却不知道机遇都被那些勤奋和跑在最前面的人抢走了，你永远躲在阴影里走不出来，哪里还会有什么好运。"老师郑重其事地说，"一个没有进取心的人，永远不会得到机会的。"

——摘自《成功需要进取心》

由此可见，尼尔如今的状况只能怪他自己。其实，怨天尤人是没有什么意义的。美国成功学大师拿破仑·希尔曾研究过美国最成功的500个人的生平，还结识了这当中的许多人。他发现，这些人的成功因素中都有一个不可缺少的元素——强烈的进取心。这些人即使屡遭失败，但仍旧十分努力，绝不言放弃。

比尔·盖茨对年轻人说得最多的一句话就是"永不知足"，这也是这位全球前首富经验之谈。他之所以会取得如比大的成功，就是因为他永不满足于已取得的成绩，不断进取，进取，再进取。

被誉为"中国的阿信"的何永智就是个永不知足的人，她永远处于不懈的追求和进取之中。她靠三口锅开火锅店起家，后来"雪球"越滚越大，成为中国的"火锅皇后"。

何永智原来在一个儿童鞋厂任设计师，丈夫是电工，靠领工资度日，日子过得挺紧巴。何永智很不满现状。于是，下班后就去做些小买卖，以改变窘迫的处境。

1982年，何永智把房子卖了做生意。房子是600元买的，卖了3000元。何永智用卖房的3000元，买了重庆八一路一间临街房，卖服装和皮鞋。有了自己的店铺后，生意规模迅速扩大。后来，八一路改成了火锅特色一条街，何永智也跟着开了"小天鹅火锅店"，只能摆下三张桌，设三口锅。第一个月没有经验，亏损。第二个月何永智把心思用在两个方面：一是口味，二是服务。从此，生意一天天好起来。

一天，她赚了70元，相当于何永智一个月的工资。她一宿没有睡着，盼望着能赚一万元，也当个"万元户"。20世纪80年代初，"万元户"就已经不得了了！生意一天一天变好，何永智辞了工作，专心经营，在口味、服务、诚信上做文章，生意逐渐火起来。六年后，她成了这条街上的"火锅皇后"，经营面积扩大到100多平方米。这时，她早已腰缠百万，但她没有停息，她有更大的梦想！

1990年，她在成都租下2000平方米的房屋，开设了第一家分店。按照她在八一路取得的经验经营，生意十分红火。之后，她又扩大规模，在成都附近的绵阳、双流、温江等地陆续开了五六家分店，生意好得令人眼红。1994年6月8日，天津加盟连锁店正式开业，一炮走红，8个月就收回了投资。

何永智体会到连锁店的好处，她继续以平均每月一家的速度开办加盟连锁店，逐渐向全国各大城市推进。很快，上海、北京、南宁、广州、西安、沈阳、哈尔滨等地都开起了加盟店。1995年，她的连锁店还开到了美国西雅图等地，成为国际型企业。何永智一举跨入了亿万富豪的行列。

如果何永智小富即安，不思进取，仅满足于在四川境内的经营，怎么会成为财源直通大洋彼岸的亿万富姐呢？目前，何永智已是集团总裁，曾当选为第八届全国妇联代表，她所开办的企业也跻身"中国私营企业500强"，成为"中国最具前景的50家特许经营企业"。

——摘自《永不知足不断进取》

强烈的进取心从不允许我们停下来歇口气，它总是激励我们为跃上更高的台阶而拼搏。你目前所到达的高度也许足以令人羡慕，但是，一旦发现今日的业绩和昨日的业绩一样，你就会感到美中不足，因为更高更大的目标正在召唤着你。对于进取不息的人而言，"得陇"焉能不"望蜀"？

思路决定出路，思想是个"雕刻家"，它可以把你塑造成你理想中的模样，而进取心更是"魔术大师"，它可以把你的潜能发挥到极致。所以，在现实生活中，无论你在什么行业，无论你擅长何种技能，你都要有一颗永不知足、不断上进的心，争取让自己在这一领域永远处于领先的位置。

拥有进取心，追求卓越，永远是人类进步的动力。它不仅能造就成功的企业和杰出的人士，而且可以促使每一个努力完善自己的人，在未来不断地创造奇迹。经常有些年轻人问卡耐基，是否认为他们可以成就大事，是否认为他们具有与众不同的价值。卡耐基回答说："你当然可以成大事。我觉得你完全有成大事者的潜力，但你是否一定能成大事，这完全取决于你自己。如果你有去争取成大事的进取心，那么，没有什么可以阻挡你；如果你没有这样的力量和愿望，那么，再好的教育、再有利的外界因素都不足以把你变为成大事者。"

人的一生中，没有什么比远大的目标和强烈的进取心更重要的了，这实际上是一种人生的态度，能够显示出你对自己的评价和对未来的期望。如果你的态度是消极而狭隘的，那么，与之对应的就是平庸的人生。因此，你必须以高于普通人的眼光来看待自己、要求自己、激励自己、塑造自己，否则，你就永远只是一个毫无建树的普通人。

你是胆小鬼吗

在生活中，我们常常会莫名地产生一种恐惧感，这种恐惧感伴随着我们，让我们总是难以前行，很多人想要改掉它，却发现如此之难。其实，所谓的恐惧感不过是来自我们内心的想象，所以，要驱除它，就必须在潜意识里将其彻底根除。否则，它会一直伴随你终生，而且总是会在关键时刻影响你的生活。

在第二次世界大战时期，德国科学家为了执行希特勒的命令，做了一项惨无人道的心理实验。

他们找了一位俘虏，然后告诉他，将在他身上做一项生理实验，就是在他的手腕上划一个口子，然后看他身上的血一滴一滴地流光的生理反应。

这些德国士兵把这位战俘绑在实验台上，用黑布蒙上他的眼睛，然后用一块很薄的冰块在他的手腕上划了一下。同时科学家在他的手腕上放置了一个吊瓶，吊瓶里的水温跟人体血液的温度差不多，吊瓶管子的一端，放在这个战俘的手腕上方，于是水就从他的手腕慢慢地流下来。在他的下方，科学家放了一个铁桶，当这个战俘听着"滴答""滴答"的水声的时候，就以为是自己的血在往外流了。当然，他的手腕并没有被划破，但是他以为被划破了。

过了一个小时后，这个战俘真的死了，而且死去的反应跟失血而死的人一模一样。因为他相信自己被放了血，于是就被吓死了。

——摘自《小故事大道理》

在严峻的现实和激烈的竞争面前，很多人在未行动前便败给了自己，因为他们恐惧失败比相信成功更强烈。每件事情的结果都有两种，成功或者失败，你相信哪个，哪个便会成为事实。

有的人会说："是的，我也知道勇敢行动对于成功的重要性，但是，我一想到冒险可能导致的后果，就不寒而栗。这也就是为什么我徘徊不前，不能像那些冒险家一样勇往直前的原因。"这段话足以表明：是深深的恐惧心理，使一些人裹足不前，畏首畏尾。这种心理的形成，与我们一味求稳妥的社会传统有很大关系。

在中国，我们的早期教育似乎都是这样的——大人们常常这么告诉我们无论做什么，都要谨慎小心，办事情要稳妥，没有把握的事情，就不要轻易去做。这种早期的教育往往给我们幼小的心灵里投下了阴影，泯灭了我们探索神秘的未知领域的好奇心和冲动。

探索神秘的未知领域的好奇心和冲动，不仅是科学与艺术的源泉，也是一个人创造力的源泉。然而，在现实生活中，许多人往往将"未知"与"危险"等同。他们认为，生活不过是墨守成规、因循守旧，因而他们总是会视那些冒险去探索生活的未知领域的人为疯子。

其实，生活中绝大部分恐惧都只是我们内心的产物，所以，想要摆脱它，我们只能勇敢地正视自己，超越自己。下面我们来看看艾文班·库柏的故事。

艾文班·库柏是美国最受尊敬的法官之一，但他小时候却是个胆小懦弱的孩子。

库柏在密苏里州圣约瑟夫城一个准贫民窟里长大。他的父亲是一个移民，以裁缝为生，收入微薄。为了家里取暖，小库柏常常拿着一个煤桶，到附近的铁路去拾煤块。库柏为必须这样做而感到困窘，他常常从后街溜进，以免被放学的孩子们看见了。但是那些孩子时常看见他，特别是有一伙孩子，还常埋伏在库柏从铁路回家的路上袭击他，以此取乐。他们常把他的煤渣撒遍街道上，使他回家时一直流着眼泪。这样，库柏总是生活在或多或少的恐惧和自卑的状态之中。

然而一件事发生了：库柏因为读了一本书，内心受到了鼓舞，从而在生活中采取了积极的行动。这本书是荷拉修·阿尔杰著的《罗伯特的奋斗》。在这本书里，库柏读到了一个像他那样的少年的奋斗故事。

那个少年遭遇了巨大的不幸，但他以勇气和道德的力量战胜了这些不幸，库柏也希望具有这种勇气和力量。库柏读了他所能借到的每一本荷拉修的书，当他读书的时候，他就进入了主人公的角色。整个冬天他都坐在寒冷的厨房里阅读勇敢和成功的故事，不知不觉地汲取了其中的力量。

在库柏读了第一本荷拉修的书之后几个月，他又到铁路上去捡煤渣。远远的他看见三个人影在一所房子的后面飞奔，他最初的想法是转身就跑。但很快他记起了他所钦羡的书中主人公的勇敢精神，于是他把煤桶握得更紧，一直向前大步走去，犹如自己是荷拉修书中的一个英雄。库柏丢开铁桶，有力地挥动双臂，使得这三个恃强凌弱的孩子大吃一惊，拔腿就跑。

库柏并不比以往强壮多少，那些坏蛋的凶悍也没有收敛多少，不同的是他的心态已经有了改变。他已经学会克服恐惧、不怕危险，再也不受坏蛋欺负。从那时起，库柏决定改变自己的人生，战胜懦弱，战胜恐惧，战胜贫穷，他果然做到了，最终成为全美最受尊敬的法官之一。

——摘自《思想决定成功》

你可以尝试一下美国工程师卡瑞尔总结出来的简单而实用的方法。

卡瑞尔是一个很聪明的工程师，他开创了空气调节器的制造业，现在是位于纽约州塞瑞库斯市的世界闻名的卡瑞尔公司负责人。他发明了一个行之有效的战胜恐惧的方法，共有以下三个步骤：

第一步，认真分析整个情况，然后找出万一失败后可能发生的最坏情况是什么。

第二步，找出可能发生的最坏情况之后，让自己在必要的时候接受它，这一点非常重要。

第三步，尝试从心理上接受最坏的情况，以便能平静地把自己的时间和精力用在改善自己的心理压力上。然后，再想办法尽力改变它，使之向好的方面转化。

这个办法有很多好处：首先让人排除了恐惧的心理，使人能在平和的心境下面对现实；然后，运用个人的智慧想出更好的办法解决问题，而不会在恐惧担心的境地里徘徊挣扎。

林语堂先生在他的《生活的艺术》里也谈到了同样的概念："心理的平静……能使人接受最坏的情况，并让你发挥出新的能力。"

总之，要消除恐惧心理，让自己以勇敢无畏的姿态挺立于世，首先要重新审视你的自我回避行为，然后对自己以往的行为严肃地提出质疑，最后积极地采取措施克服恐惧。试想一下，如果那些伟大的发明家、探险家、先驱者和富豪们都惧怕未知，我们今天面临的将是一个什么样的世界呢？

你是胆小鬼吗？如果是，那从现在开始，努力去摆脱恐惧的羁绊吧，不要再做事事都畏缩的胆小鬼了，唯有如此，我们才能带着好奇心和胆识去开发未知，开启成功的大门，创造属于自己辉煌的未来！

看吧，勤奋多么了不得

我们都知道，强烈的激情可以控制自己，使自己具有很好的应变力，甚至超常发挥自己的优点，但安逸却容易消磨意志。懒惰尽管柔弱似水，却常常在潜移默化中把我们征服，蚕食和毁灭着我们前进的激情。

乔治·华盛顿1732年生于美国弗吉尼亚的威克弗尔德庄园。他是一位富有的种植园主之子，20岁时继承了一笔可观的财产，优越的家境使他可以舒舒服服地度过自己的一生。可他没有这样做，在16岁时，毅然选择了艰苦，主动要求参加勘探队，到弗吉尼亚的大河谷去进行野外作业。白天，他和探险队员们顶着烈日，在河谷、土坡、丛林里穿行测量；晚上，就在荒野里燃起篝火，裹着爬满臭虫的破毯子露宿。有时整天冒雨在泥泞的道路上行进；有时睡得正香，帐篷却被大风刮翻了。

一晃就是3年，艰苦的生活锻炼了他，19岁的华盛顿当上了少校级的副官长。他开始潜心地阅读军事著作，虚心学习武器的使用和战术的运筹。

后来，华盛顿积极参加了抗击英法的战争。在一次战斗中，华盛顿的军队刚开始处于劣势，伤亡很大。他的军衣被打穿四个洞，两匹马也先后被杀，而且他所在地区经济匮乏，军官开不出薪饷，可他对这些全然不顾，志愿参战。为了全美人民的自由和胜利，他乐意干这种既破财又可能丧命的苦差事。最后他的队伍终于打败了敌人，而他本人也赢得人们的爱戴，被推举为抗英独立战争的总司令，成为改变美国历史的第一个重要人物。

1789年，在美国建国后的第一次大选中，他以全票当选为美国总统，之后又获得连任，但他拒绝蝉联第三次，这就形成了美国总统任期一般不超过两届的惯例。

——摘自《名人与挫折》

任何人的成功都不是偶然的，美国国父乔治·华盛顿的成功也是一样，艰苦的生活和勤奋成就了华盛顿。而惰性让人无所事事，一切都将凋零、衰退。我们可以把自己想象成一艘大轮船，懒惰只能使轮船停止运行直至停滞在水面上，这时，它只能随波逐流了。懒惰犹如一潭没有生机的死水，使你前进的脚步停止。那么，这样的人生还有什么意义可言呢？

只有无止境的追寻，才能到达成功的理想境界，领略无限风光。即使天生愚钝的人，只要不被懒惰蚕食，而是认真地投入到工作中去，做到笨鸟先飞，就能创造出人间奇迹。

1931年，15岁的王永庆小学毕业后，因家境贫寒，不得不辍学回家。他本想在家乡找一个帮工的活儿，挣些钱补贴家用。但他花了很大的力气也没有找到，不得已，只好背井离乡，到了粮食集散地嘉义，在一家米店当了小工。

一年之后，王永庆已全部掌握米店经营的奥妙，于是他让父亲给他借来200元钱，自己在嘉义开了一家很小的米店。开始时，因他的米店铺面小，地处偏僻，又没有知名度，因而很少有人光顾他的米店。为打开销路，王永庆想起父亲常说的一句古训："不惜钱者有人爱，不惜力者有人敬。"他没钱，唯一能做的是不吝惜时间和力气。

那时候，稻谷加工非常粗糙，大米里有不少糠谷、沙粒。这种现象非常普遍，买家卖家都习以为常。王永庆就以此为突破口，下大力气改善米的质量，筛簸米中的砂石、米糠，使自己的米纯净质优。同时，王永庆还改善服务质量，不但送米上门，而且还放米进缸，帮顾客腾清、洗刷米缸，把新米放下层，陈米放上层。他做每一件事情都非常认真，就像给自己家干活儿一样，让顾客都很受感动。另外，王永庆还有一个小本子，上面详细记载了顾客家米缸的容量、人口以及月用米量的多少等，他估计该顾客米快吃完时，就主动将米送去。时间一长，人们都认可了王永庆的米店，说他的米店质量优良，服务周到，信誉最佳。于是，他的米店生意兴隆起来。

王永庆开米店之初，每天只能卖一包米，一年后每天可卖十几包。他挣的全是辛苦钱，利润非常低，每包米只挣一毛二分钱。

稍有积蓄后，王永庆又开了一个碾米厂。因他隔壁是一家日本人开的碾米厂，其设备、经验都比他优越。但王永庆以勤补拙，每天早开工晚收工，比日本碾米厂多开工四个半小时。这样，他的碾米厂取得了很好的信誉，在嘉义米行中有口皆碑。永庆米行在嘉义20多家米行中排在了第3位，而他隔壁日本人的米行排在第4位。

抗日战争期间，因粮食实行配给制，王永庆无米可卖，于是转行经营木材。日本投降后百业待兴，王永庆经营的木材业得到了发展的契机，到1946年，他积累的资本已达到5000万元（台币）。

在20世纪50年代初，王永庆开始经营塑胶产业。他以大无畏的开拓精神，在塑胶产业中获得了令世人震惊的业绩。根据中国台湾《天下杂志》的调查，王永庆开创的台塑集团已是台湾各企业集团的龙头老大，拥有员工近7万人，营业额近3800亿元新台币；台塑集团六轻厂完工投产后，乙烯产量将超过日本、韩国的各大厂家，居亚洲第一。他的竞争对手也不得不由衷地佩服王永庆，称他为台湾的"经营之神"。由此，王永庆还获得了"胶塑大王"的美誉。

1975年1月，美国圣约翰大学授予王永庆荣誉博士学位，他在仪式上说："我幼时无力进学，长大时必须做工谋生，也没有机会接受正式教育，像我这样一个身无专长的人，永远感觉只有吃苦耐劳才能补己之不足。"

——摘自《如何应对人生中的挫折与压力》

捷克大教育家夸美纽斯说："勤奋可以克服一切障碍。"只要勤奋努力，就能战胜遗传的缺陷，克服自身的弱点。天资聪敏者的优势，往往只在某个方面，而所谓素质差，也仅仅是指某个方面。只要我们不懒惰，对缺陷的地方进行反复训练，勤奋努力，就能消除这方面的差距，同样也可以有所作为。

但现在，我们周围很多人都不明白勤能补拙的道理，他们面对缺陷永远只是叹气，他们被懒惰拖住了脚步。在美国，就有很多很多懒惰的人，这些人因为不用为面包操心，所以成天就知道安逸的享受，他们的生活就是天天与美食和电视为伴，整个身体埋在沙发里，时间一长，身体就成了"沙发"或"土豆"。我们经常看到报纸或电视新闻称×××体重超过数百斤，常由于心力衰竭而亡。这些其实都是由于懒惰造成的。

惰性就像你的双手一样，伴着你来到世上，也伴着你离开世界，可谓形影不离，它会把一个很有潜力的天才变成一个庸人，因此，我们有必要去克服它。唯有如此，我们才能像勤劳的小蜜蜂一般辛勤地工作，为自己创造更好的明天！

不想落伍，就得对自己进行改造

一棵在深山里长了好多年的大树，被修剪了枝叶后移栽到新建的公园里。人们围着它，议论着。一个说："没有这次移栽，它不会被人赏识，要被人赏识就要改变自己的生存环境。"我却要说："要被人赏识就要改变自己！"

每个人都是一道靓丽的风景线，但世界不会为你而改变，环境也不会主动去适应你。因而，我们只能去改变自己，去适应环境，进而取得成功。 也许，我们没有庄周梦蝶的浪漫，没有庄子那"泥泞中亦可"的超然；也许，我们无法像彷徨斗士鲁迅一样"以血荐轩辕"，深刻揭示中华民族几千年来的劣根性；也许，我们没有海伦·凯勒那虽然身有残疾但却以心灵探求未知世界的勇敢。但至少，我们可以借助书籍改变自己：让自己接受《庄子》的熏陶，接受《假如给我三天光明》的洗礼。

如果想改变自己的世界，改变自己的生活，首先就要改变自己。如果你变得足够强大，别人就无法拒绝你；如果你可以命令自己，困难就无法阻碍你；如果你的态度是积极的，你的生活也会是快乐的。

1930年初秋的一天，东方欲晓，在位于日本东京目黑区田桥不远处的公园里，一个只有1.45米的矮个子青年从长凳上爬起来，用免费自来水洗了脸，便从容地从这个"家"徒步上班去了。

他是一家保险公司的推销员，在此之前，因为拖欠了房东7个月的房租，他已经被迫在公园的长凳上睡了两个多月了。他虽然每天都在勤奋地工作，但收入少得可怜，为了省钱，他甚至不吃中餐、不搭电车。

一天，年轻人来到一家名叫"村云别院"的佛教寺庙推销保险。村云别院的主持名字叫吉田胜逞，是日本当时的一位高僧。年轻人开门见山，利用所学的保险知识，面对眼前的高僧口若悬河、滔滔不绝地介绍，劝说老和尚投保。

等年轻人说完后，老和尚平静地说："听完你的介绍之后，丝毫没有引起我投保的兴趣，你知道吗？人与人之间，像这样相对而坐的时候，一定要具备一种强烈吸引对方的魅力，如果你做不到这一点，将来就没什么前途可言了。小伙子，先努力改造自己吧，去请教别人，就从你那些投保客户开始，你诚恳地去请教他们，请他们协助你认识自己。我看你有慧根，倘若照我的话去做，他日必成大器。"

吉田和尚的一席话，犹如当头一棒，把年轻人点醒了。他若有所悟地告别了吉田老和尚。

从寺庙回去后，年轻人将老和尚的话反复揣摩，决定彻底改变自己。于是，他开始每月一次，每次请5个同事或投了保的客户吃饭。为此，甚至不惜典当衣物，目的只为让他们指出自己的缺点。他的第一次"批评会"就使他原形毕露：

——你的个性太急躁了，常沉不住气。

——你的脾气太坏，而且粗心大意。

——你太固执，常自以为是。这样容易失败，应该多听听别人的意见。

——对于别人的托付，你从不知道拒绝，这一缺点务必改正，因为"轻诺者必寡信"。

……

他看着客户吃着自己提供的饭菜，脸上红一阵白一阵地听着他们的批评。他把这些逆耳之言都一一做了笔记，随时反省激励自己。

每一次"批评会"后，年轻人都有被剥了一层皮的感觉。他把自己身上的劣根性一点点剥落下来。后来，他还总结出了含义不同的39种笑容，分别赋予要表达的心情与意义，然后再对着镜子反复练习，直到镜中出现所需要的笑容为止。

功夫不负有心人。1939年，年轻人的保险销售业绩终于荣膺全日本之最，并从1948年起，连续15年保持全日本销售第一的好成绩。他就是被美国著名作家奥格·曼锹诺称之为"世界上最伟大的推销员"的推销大师——原一平。

——摘自《改变人生从改变自己开始》

原一平之所以从一无所有的穷光蛋到日本保险业的"推销之神"，最重要的就是他懂得了解自己，然后改变自己，最终凭借自己的毅力，成就了自己的事业。

无法改变他人，那就改变自己。那些不能改变自己的人，只能被环境淘汰。高尔斯华绥《品质》中的老鞋匠虽然拥有全城最好的制鞋手艺，但却不愿改变自己，致使无法跟上机器化的时代，坚持手工制好每双鞋，最终饿死在自己的鞋铺中。改变自己，才能跟上时代的脚步，才能不被环境淘汰。

从前，一位国王光脚步行外出，走在路上，脚总是被路上的石子等碰破流血。回到王宫，就命令大臣道："本王命令你们把全城所有的道路上都铺满牛皮。"

这条命令传下去后，城中的老百姓议论纷纷：

甲："就算杀死了全城的牛，也不够铺满所有的路啊！"

乙："是啊，这可如何是好？"

丙："唉，这简直是浪费……"

有一个大臣想出一个办法献给大王："大王，您看，只要在脚上裹上牛皮就能解决您的烦恼了。"

大王赞许："这主意简直太棒了！"

——摘自《职场三定律》

其实，不管是用牛皮铺路还是穿牛皮鞋子，其结果都是一样的：保证脚不再受到伤害，舒服。不同的是，铺路是改变环境，而穿鞋子却是改变自己。控制的主动权以及付出的成本都不一样。

同样，一个聪明的人不会在入职后抱怨公司这个没制度，那个没章程；这人有背景，那人的爸是李刚；这个老板一天三变，那个领导喜怒无常……他们只会琢磨如何让自己的鞋子更合脚。毕竟，改变自己要比改变环境容易得多！

其实说了这么多，归纳起来就一句话：一个人不能让环境去适应你，而是要学会改变自己，去适应环境。总之，人生在世总会遇到很多陌生的环境，无论是生活还是工作，都会有很多让我们不适应的地方，那么我们该怎么办呢？总不能落跑吧？！所以，唯一的方法就是对自己进行改造，然后努力去适应它，唯有如此，我们才能真正地在一个地方扎根，并且茁壮成长！

借口多了，就只能白日做梦

在这世上，不管是伟大的人，还是平凡的人，他们都有属于自己的梦想，伟大的人心中的梦想一定也是伟大的，而平凡人的梦想却不一定都是平凡的。但为什么很多有着伟大目标的平凡人却最终没有实现自己的理想？因为他们在人生道路上依赖了借口，要么放弃了努力，要么就是没有找到正确的通往成功的道路。

在生活中，我们要想成为一个伟大的人，那么首先就要有一个伟大的梦想，因为只有心中有梦，才会有前进的动力，那些最终没有实现梦想的人，都是因为他们总爱为自己找借口，最后才成了空中梦想家。

"做事不要找借口"是美国西点军校200年来奉行的最重要的行为准则，也是西点军校传授给每一位新生的第一理念。它强化的是每一位学员竭尽所能去完成任何一项任务，而不是为没有完成任务去寻找借口，哪怕是看似合理的借口。秉承这一理念，无数西点毕业生在社会的各个领域都取得了非凡的成就。西点军校为美国培养了3位总统，3800多位将军，还有2000多位世界500强企业高管。

在西点军校，学员必须无条件服从和执行学校的规章制度，绝不允许学员提出任何借口，也绝对不允许"也许""大约""似乎""还过得去"的存在。比如说，学员进教室时间哪怕晚了1秒钟，也会受到记过处分。在西点的校史记录中就有多起因迟到而被开除的例子。西点69届毕业生，Sybase软件公司总裁马克霍夫曼说："对于西点的学员来说，上司布置的任何任务，无论困难多大，甚至牺牲自己的生命，他们的回答只有一个——'是的，长官'。"做事全力以赴，不为自己找借口是西点军校每个学员成功的制胜宝典。

——摘自《做事不要找借口》

阿里巴巴的总裁马云曾在《赢在中国》节目中说过："最不受高层欢迎的人就是那些喜欢发牢骚，总是找借口的人，这种光会耍嘴皮子的人不仅自身的工作效率低下，而且还会大大降低团队效率。"那些喜欢发牢骚、找借口的人，总是悄悄告诉自己因为某种原因不能做某事，自己做错事情都是外界原因所致，久而久之，他们就认为这些借口都是"合理的，理智的"。

不注重自身的修养而只关注外界因素，就是这些人走向失败的原因。成功者不善于也不屑编制任何为自己开脱的借口，因为他们都能对自己的所有决策和行动负责，他们也敢于承受自己行动的后果。西点军校的学员也未必具有超人的能力和天赋，但是他们会积极主动地去创造和抓住机遇，珍惜时间，抛弃所有牢骚和借口。

在生活中，那些已经习惯找借口的人，大都奉行"差不多"的原则，他们认为"差不多"就可以了，从不进一步考虑如何把事情做得尽善尽美。这个偷懒的做法实际上并不"经济划算"，因为如果把一件事情完成90%需要一个人付出一个月的时间，利用这一个月的积累，很容易就把剩下的10%处理完毕了。如果留下10%不去处理，日后衍生出新的问题，就相当于要重新面对一个难题，从头做起，那说不定要付出几个月，甚至更多的时间和精力。

"差不多"是孕育借口的温床，这会让工作中遗留很多的隐患，而这些问题一旦暴露，"差不多先生"就会找出几十条借口来为自己辩解。把事情一步做到位是最节省时间和精力的做法，它彻底地拆除了借口的温床。

一旦养成找借口的习惯，你的工作就会拖拖拉拉，没有效率，做起事来就往往不诚实，这样的人不可能是好员工，他们也不可能有完美的成功人生。在公司里这样的人迟早会被炒鱿鱼。

麦克是公司里的一位老员工，以前专门负责跑业务，深得上司的器重。麦克的一只脚有点轻微的跛，那是一次出差途中出了车祸引起的。有一次，他手里的一笔业务被别的公司捷足先登了，造成了一定的损失。事后，他很合情合理地解释了失去这笔业务的原因，那是因为他的脚伤发作，比竞争对手迟到半个钟头。第一次，上司比较理解他，原谅了他。麦克很得意，他知道这是一宗费力不讨好并且比较难办的业务，他庆幸自己的明智，如果没办好，那多丢面子啊。

从此以后，每当公司要他出去联系有点棘手的业务时，他总是以他的脚伤，不能胜任这项工作作为借口而推诿。但如果有比较容易的业务时，他又跑到上司面前，要求在业务方面有所照顾，他大部分的时间和精力都花在如何寻找更合理的借口上。

时间一长，他的业务成绩直线下滑，没有完成任务他就怪他的脚不争气。总之，他已习惯因脚伤的原因在公司里可以迟到，可以早退，甚至工作餐时，他还可以喝酒，因为喝点酒可以让他的脚舒服些。然而，老板是聪明的，没过多久，麦克就被开除了。

——摘自《没有完不成的任务 只有找不完的借口》

麦克利用看似聪明的借口，最终在享受了借口带来的短暂快乐后，尝到了失败的苦头。

看吧，借口没有什么好处的，它只会给我们带来麻烦。依赖借口的人总是眼高手低，还没有学会走路，就想跑步。事实上，最基础的也是最难的，基础是房屋的地基，房子能建多高，都取决于地基的深度。基础的学习和积累是最乏味和辛苦的，它需要人们投入更多的耐心和努力。给自己找借口的人总以为凭借小聪明就可以不用下苦功，最后只能是聪明反被聪明误：当梦的大厦几乎完工的时候，却因为地基深度不够而轰然倒塌。

施瓦辛格说，实现梦想的要素就是"勤奋，再勤奋，还有不断的自我要求和积极的思维方式"。这三个要素恰恰是借口从我们的生活中带走的宝贵财富：借口让人懒惰、让人放松自我要求，并变得消极、封闭……借口多了，我们就只能白日做梦了。

为了不再让梦想如天际的繁星，遥不可及。我们必须从幻想梦境中醒来，把眼前的事情逐一做好，只有走好了脚下的路，才能找到通往更远目标的途径。放弃那些让人懒惰和消极的借口，为自己定下切实可行的目标和计划，并且每天都积极地去实现它。

如果我们希望能够改变现状，不让自己心中的梦想落空，那么从现在开始，就踏踏实实地走好每一步吧。抛弃所谓的借口，既不好高骛远也不自我否定，保持积极的心态、勤奋的态度，不断提出新的自我要求，那么，在未来就一定可以盖起理想中的高楼。

别活得像一个失败者

每个人在面对艰巨的任务或难以实现的理想时,都会这样安慰自己:"这对于我来说,太难了,我根本没有天分,所以做不到也是很正常的。""这对我来说,绝对不可能,我没有那么多钱呀,怎么可能做到呢?"其实,说这些话的人还没开始,就把自己归为了失败者。这些话的潜台词无非就是:我已经尽力了,但我实在无能为力。

可是,美国成功学专家格兰特纳却告诉我们:"如果你有自己系鞋带的能力,你就有上天摘星的机会!"无论做什么事,哪怕只有万分之一的机会,我们也应该决不放弃。

阿伦佐·莫宁是世界上最伟大的篮球运动员之一,在他的篮球职业生涯中,他曾四次入选NBA全明星阵容,并代表美国国家队获得了悉尼奥运会篮球比赛的冠军。然而,2000年,莫宁被查出患有肾病,在他带病坚持比赛几周后,医生命令他离开了他一直以来热爱的赛场,并给他切除了一个肾。

莫宁完全可以说,我已经身患重病,应该结束自己的职业篮球生涯了。但是他并没有给自己找借口,而是继续前进。2004年,接受了换肾手术的莫宁重返球场,此时他已是34岁的老将了,但他以永不言弃的精神和精湛的球技征服了世界,并于2006年获得了他职业生涯的第一枚总冠军戒指。

现在,莫宁已经成为NBA篮球的一种精神象征。他的成功正是源于他的名言:"在我的职业生涯中,从不对困难屈服。"

——摘自《不要给自己任何借口》

在日常生活中，当我们遇到困难，如果先想到退缩，先对伟大的目标望而生畏，自我否定，那等待我们的只有失败。我们要是总在心里想着"不可能""我不行"之类的话，那么就会为自己套上重重枷锁，因为这些话会禁锢我们的勇气、信心和智慧，左右我们的情绪，最终让可能的光荣永远与我们无缘。在生活中，永远没有绝对的不可能，只有相对的不可能：那就是我们对自己没有信心，不愿意付出努力，冲破荆棘，最终只能是一个失败者。

在一个寒冷的冬天里的某一天，范天能老师单独把张其金叫到了办公室。在张其金走进他办公室的那一刻，他用一双锐利的目光看着张其金，过了好长时间，又用一种威严的声音对张其金说："张其金同学，我现在请你到操场上去站一个小时。"

张其金吃惊地看着范老师，过了好半天才抗议道："我并没有做错什么事，你凭什么让我站到操场上去？"

范天能老师站了起来，用手抚摸着张其金的肩膀说："孩子，我知道你没有做错什么。我对你只有一个要求：从现在开始，请你去做一个敢于挑战自我的人，如果你能战胜这个严冬，你就能够战胜一切困难。"

"我！"张其金开始哆嗦起来，心里想："我的范老师呀！你有没有搞错呀！让我站在操场上一个小时，虽然这里不是零下几十度，但这里是历来就有小西伯利亚之称的北闸呀，你是存心与我过不去，一个小时，我不冻僵才怪呢！——你是不是疯了！"尽管张其金这样想，但他没有拒绝，最后还是站到了操场上。

时间一分一秒地过去，一分钟，两分钟，十分钟……张其金坚持不住了，但他还是对自己说，我要做一个能够挑战自我的人——我要做一个敢于挑战自我的人。就是在这样的意念之下，张其金又坚持了二十分钟。

到了第四十分钟的时候，张其金好像进入了一种状态，他在心里默想道："其实这里的冬天并不寒冷，毕竟这里是南方，我的老师因为爱我，才希望我敢于挑战自己，他让我从这里感受到了大自然也有温暖与冰冷，这对我是非常有益的。当我日后走上社会的时候，我如果面对的是成功与失败、报复与打击……都能敢于挑战自我，那我就会走向成功。"

也许正是张其金经历了这样一次锻炼，在他日后的人生经历中，无论是面对多大的打击，他都能够坦然面对。在他创业的日子里，同样遭受过打击和失败，他总是敢于挑战自我。每当夜深人静的时候，他常常对自己说："在茫茫宇宙中，在无限的时间和空间中，一次失败算不了什么，我不能屈服于失败，我要竭尽全力去努力、去拼搏，我要用一颗百折不挠的心去重新开创自己的事业。"

他四处奔走，一面经营着自己的文化公司，一面开拓新的业务。这是张其金又一次从零开始，白手起家。他不断地努力着，始终没有放弃过。在重新启动公司的岁月里，他经受着坎坷、险阻、困难、打击、报复、诬陷、波折……在刚开始的半年时间里，张其金可谓步履艰难，重重困难向他扑来，无处躲藏，无人援手，但他持之以恒地走了下来，并且最终走向了成功。

——摘自《放手一搏就能赢》

从张其金的身上，我们可以看到，每个人都不应向命运屈服。一个人要取得成功，关键在于"无所畏惧地接受挑战"和"自信地发挥我们自己的力量"。这意味着要保持一种进取的、追求目标的态度，而不是防御的、退避的或消极的态度。

这世上，有着千万种可能，都是我们人类所创造的，所以，不要总是想着"不可能"，只要我们愿意去做，一切皆有可能。所以，从现在开始，不要让自己活得像个失败者了，试着去做一个永不妥协的成功者吧！记住，我们的前辈是历经百万年的进化，浴血奋斗，经历无数苦难才成为集天地之精华的人类！

当我们准备说出"我太笨了，我做不了这件事情""我生性腼腆，这个工作不适合我"这些话前，一定要想想经历换肾手术仍能挑战人类运动极限的莫宁，在寒冷的冬天坚持站在外面一小时的张其金。面对困难，甚至绝望的境地，我们只要平心静气地认真规划一下，拿出人生的勇气与智慧，就会发现，那些困难只是五彩的气泡，只要我们轻轻一吹，它就会破掉，关键就看我们敢不敢去吹了。

第七章

苦中寻乐，寻找你想要的生活

每个人的一生都有欢笑，也有泪水；有平坦大道，也有崎岖的山路。面对美好时，我们总是欣然接受；而面对苦难时，大多数人则选择逃避，或者是抱怨。其实无论是逃避还是抱怨对我们而言都没有任何意义，与其如此，倒不如苦中作乐，想开一点，坚强一点，努力一点，也许就能寻找到我们内心一直想要的生活！

别忘了，生活是用来改变的

有人说过这样的一句话："你的心态就是你的主人。"这句话很有道理：生活中，我们没有办法去控制自己的遭遇，但是我们却可以控制自己的心态；我们不能强制要求别人来配合自己，却可以通过改变来接受别人。其实，人与人之间并没有太大的区别，唯一的区别就在于各自心态不同。由此可见，心态决定了我们一生的走向，一个人成功与否，主要就是取决于他的心态。

佛说，物随心转，境由心造，烦恼由心生。换句话说，一个人有什么样的心态就会产生什么样的结果。每个人的命运其实都掌握在自己手里，关键的是看我们有怎样的心态。心态是决定成功与失败的关键，而成功与失败往往只是一念之差。虽然，有积极心态不一定意味着成功，但是它会是我们最好的推动力，要是没了它，即便成功就在眼前唾手可得，我们也可能会停滞不前。

一位心理学家想知道人的心态对行为到底会产生什么样的影响，于是他做了一个实验。

首先，他让十个人穿过一间黑暗的房子。在他的引导下，这十个人都成功地穿了过去。

然后，心理学家打开房内的一盏灯。在昏黄的灯光下，这些人看清了房内的一切，都惊出了一身冷汗。这间房子的地面是一个大水池，水池里有十几条大鳄鱼。水池上方搭着一座窄窄的小木桥，刚才他们就是从小桥上走过去的。

心理学家问："现在，你们当中还有谁愿意再次穿过这间房子呢？"没有人应答。过了很久，有两个胆大的站了出来。

其中一个小心翼翼地走了过去，速度比第一次慢了许多；另一个颤巍巍地走在木桥上，走到一半时，竟趴下了，再也不敢向前移动半步。心理学家又打开房内的另外九盏灯，灯光把房里照得如同白昼。这时，人们看见小木桥下方装有一张安全网，由于网线颜色极浅，他们刚才根本没能看见。

"现在，有谁愿意通过这座小木桥呢？"心理学家问道。这次有八个人站了出来。

"你们为何不愿意呢？"心理学家问没有站起来的两个人。"这张安全网牢固吗？"这两个人异口同声地问。

——摘自《心态和行为》

很多时候，成功就像通过这座小木桥，失败的原因恐怕不是力量薄弱、智能低下，而是由于周围环境的威慑——面对险境，很多人已失去了平衡的心态，慌了手脚，乱了方寸。保持良好的心态才会在逆境中崛起，保持良好的心态才能取得成功，从古至今概莫能外。

积极的心态对我们而言有着十分重要的意义，有了它，我们的世界才会变得多姿多彩，相反，我们的世界就会黯淡无光。

很多时候，我们就是因为钻牛角尖，把问题想得太悲观而看不到其积极的一面，从而增加了不少烦恼。与其痛苦地哀叹，不如放松心情，想办法解决问题。

也许，生活中我们会遇到许多次退潮，忧愁会成为生命中一时难以承受之重。要祛除这沉重，达观安然的哲学态度是一剂良方。另一剂良方就是行动，行动可以有效地转移你的注意力，用行动去积极地改变你的现状。行动会使你找回自信和力量，行动还会不同程度地改变现状，从而更加鼓舞你。

有句话说的好："人世难逢开口笑，不如意事常八九。"可见，一帆风顺只是人们心中一种美好的期待，忧愁烦恼，是自然的心理反应，这在所难免，但要切记不能沉溺其中。人需要尽快调整心态和情绪，采取积极的行动来改变已遭破坏的生活。当你从困境中走出来，再回头看时，会发现当初似乎要压垮你的困难，不过是一片乌云而已。你会庆幸自己及时地调整了心态，采取了行动，不然，你可能还在那里唉声叹气而境况依旧，甚至更糟。

世界上最重要的人就是你自己，你的成功、健康、幸福、财富依靠你如何应用看不见的法宝——积极心态。不要由于没有成功就责备他人，埋怨他人。把你的心放在你所想要的东西上，使你的心远离你所不想要的东西。

对于那些有积极心态的人来说，逆境中也能看到希望和光明。有时，那些似乎是逆境的东西，其实是隐藏的良机。而消极心态的排斥力量，它能阻止人生的幸运，不让你受益。

因此，不要让消极心态使你成为一个失败者。成功是由那些抱有积极心态的人所取得的，并由那些以积极的心态努力不懈的人所保持。总之，无论在生活中，你的现状有多么糟糕，都不要灰心丧气，别忘了，生活是充满阳光的，只要你态度积极，那么即便前方有乌云，也会被你的心灵之光驱散。

请让"乐观"永相随

在我们心情不爽的时候，总会有个朋友在我们耳边说："想那么多干吗，做人最重要的是开心，开心做人最好了！"这句话多么有道理呀！其实很多事情，我们有时候真的想多了。无论是什么，我们应该相信它终有解决的一天，乐观地去面对每一件事，这样我们才能活在开心的世界里。

在人生的旅途中，有大大小小的挫折与荆棘，这些挫折阻碍着我们前进，有人选择了逃避，有人选择了退缩，但更多的人选择让它成为我们人生路上的垫脚石，乐观从容地面对它们，使我们更加明白了人生的意义。

海伦·凯勒是美国盲聋哑女作家和残疾有障碍的教育家。1880年6月27日出生于亚拉巴马州北部一个叫塔斯喀姆比亚的城镇。

在海伦18个月大的时候，猩红热夺去了她的视力和听力，不久，她又丧失了语言表达能力。然而就在这黑暗而又寂寞的世界里，她并没有放弃，而是自强不息，并在她的导师安妮·莎利文的努力下，海伦用顽强的毅力克服生理缺陷所造成的精神痛苦。

海伦乐观看待生活给予她的一切，并且有一颗热爱生活的心。她会骑马、滑雪、下棋，还喜欢戏剧演出，喜爱参观博物馆和名胜古迹，并从中得到知识，学会了读书和说话，并开始和其他人沟通。她以优异的成绩毕业于美国拉德克利夫学院，成为一个学识渊博的人，后来，竟成为一位掌握英、法、德、拉丁、希腊五种文字的著名作家和教育家。

她走遍美国和世界各地，为盲人学校募集资金，把自己的一生献给了盲人福利和教育事业。她赢得了世界各国人民的赞扬，并得到许多国家政府的嘉奖。

——摘自《假如给我三天光明》

卡耐基认为，如果你的思想乐观，你的生活必然充满欢乐；如果你心存悲观，你就会认为事事悲惨；如果你觉得恐惧，就会感到鬼魅在你身旁；如果你老觉得身体不舒服，那你很快就会得病；如果你认为事情不能成功，最后你必然失败；如果你陷于自怜状态，你必定会被亲友所疏离。

所谓乐观，就是以宽容、接纳、愉快、平和的心态去生活。人生的幸福、快乐与否，往往并不完全取决于现实世界中得到了什么或失去了什么，在一定程度上，幸福与快乐取决于我们对世界的看法，也就是对问题的看法。

一个人无法通过自身的努力去改变生存状态，但可以通过精神的力量去调节心理感受，尽量地将其调适到最佳的状态。这就是乐观的心态。乐观可以使人充分享受每一分钟快乐、拥有开阔的视野，清醒地知道自己应该做什么。乐观可以使人在遇到困难、面对逆境时保持清醒的头脑，客观地认识自己，迅速找到正确的出路。

从前有一个画家叫做尤利乌斯，他是一个非常乐观快乐的人，他总是在快乐的画画，把他乐观的心情表现在画中。

然而遗憾的是他的画销路不好，很少有人能够欣赏他的画。但是他却从不为此感到沮丧，总能适当的调整好自己的心情，活得很快乐。

一天，有一个朋友建议他买彩票，朋友对他说道："你为什么不买彩票呢？只要两马克就能得到很多钱，你就可以再也不用为生计发愁了，可以做任何你想做的……"

尤利乌斯接受了这位朋友的建议，用两马克去买了一张彩票，幸运的是——他中大奖了。

这位朋友很羡慕他的好运气，开心地去恭喜他，并为他高兴。

尤利乌斯用那一大笔奖金买了一大栋房子，并在房子里面放上许多他喜欢的东西——富丽堂皇的波斯地毯、精致美丽的壁毯、高雅的中国瓷器、典雅的佛罗伦萨家具、美轮美奂的威尼斯水晶灯……

他把一切以前向往和喜欢的东西都买了下来，把他的新家装饰得美轮美奂，他的朋友见到以后很羡慕，夸赞他的家就像天堂一样美丽。

然而有一天，尤利乌斯在出门前把烟头往地上随手一扔——和他以前住在没有波斯地毯的小屋时一样。等他回来的时候却看见火光满天——他的房子已经没有了，家里美轮美奂的波斯地毯、精致的壁毯、中国的瓷器、佛罗伦萨的家具、威尼斯的水晶灯等全都在火海中化为了灰烬。

他的朋友知道了这个噩耗以后来安慰他，他却问道："我为什么要伤心？"

"你的家没有了啊，你爱的波斯地毯、中国瓷器都没有了啊！"他的朋友遗憾的说道。

他却笑着说："没什么可伤心的，我只不过是损失了两马克。"

——摘自《人生哲理小语》

当你与故事中的尤利乌斯遇到同样的事情时，你会怎么想？是像他的朋友一样悲观痛苦，还是像尤利乌斯一样乐观向上？

乐观是一种生活态度，它能帮助我们快乐地过好每一天。当同一件事发生以后，乐观者会得到快乐，悲观者会得到痛苦，就好像两个人同时看到杯子里有半杯水，乐观的人会想："太好了，我还有半杯水。"悲观的人却会认为："真不幸，我只剩半杯水了。"

如果我们从现在起就向尤利乌斯学习，在事情发生的时候都往好的一面去想，生活会美好很多。否则，生活会越来越不幸。

这个世界上没有绝对的幸与不幸，幸福都是相对的，只是看你有没有乐观的精神。让我们尝试着像尤利乌斯一样，调整自己的心态，让自己每天都快乐一点点，慢慢的我们就会找到幸福。

亲爱的，别忘了微笑的魅力

"微笑是可以应付一切的表情——冷漠、热情、嘲讽、仇视、关怀、成功、失败等等。"这是古龙曾说过的一句话。这句话确实很有道理，因为微笑总是饱含着生机，一个人只要还会微笑，那他的心里就还有希望。

生活对每个人而言都是百味的，酸、甜、苦、辣、咸，一切尽在其中。生活也可以简单解释为生命的活法，有人认为它是美好的、欢乐的，这样的人，即使在寒冷的冬天也能感到生活的温暖，漆黑的夜晚也能看到光明。学会用微笑面对世界，就会发现世界也在对自己微笑。

17岁的中国体操队队员桑兰一向默默无闻，然而在1998年，因为一个意外，成为了世界关注的焦点。

那一年的纽约友好运动会上，桑兰遭遇了一场意外。桑兰正在进行跳马比赛的赛前热身时，就在她起跳的那一瞬间，外队一教练"马"前探头干扰了她，导致她动作变形，从高空栽到地上，而且是头先着地。在事故发生后，这个柔弱的姑娘在遭受如此重大的变故后却表现出难得的坚毅。她的主治医生说："桑兰表现得非常勇敢，她从未抱怨什么，对她我能找到表达的词就是'勇气'。"就算是知道自己再也站不起来之后，她也绝不后悔练体操，她说，她对自己有信心，她永远也不会放弃自己！这就是桑兰的勇敢！在困难面前，她没有哭泣，没有像别人所想的那样放弃自己，而是勇敢地给予困难一个微笑，给自己足够的勇气去面对。

坚强、乐观的桑兰，在美国成了明星，即使和她没有任何渊源的人，都纷纷到医院去探望她，因为她微笑面对困难的精神感染了所有的人。她甚至被美国院方称为"伟大的中国人民光辉形象"。

桑兰微笑面对困难的勇气，不仅仅感染了平民百姓，也感染了国家高层领导，全世界都在鼓励着这个女孩儿。钱其琛在看望桑兰时说："中国领导人和中国人民都知道这位勇敢女孩的事。"美国前总统克林顿、卡特和里根都曾给桑兰写过信，赞扬她面对悲剧时表现出来的勇气。桑兰与"超人"会面的经过在美国ABC电视台播出。后来，在大家的关注之下，桑兰还完成了自己的心愿，见到了自己多年来的偶像莱昂纳多·迪卡普里奥和席琳·迪翁。

——摘自《勇于面对困难的名人事例》

为什么桑兰会有如此大的感染力呢？因为微笑！因为勇气！在巨大的困难与意外面前，她做到了一个成人都难以做到的平静，露出了一个成人都难以展露的微笑，而微笑意味着勇气、意味着积极、意味着挑战。

懂得微笑的人，即便他的生活再不美好，他也能活出美好的韵味来；而不懂得微笑的人，即便他的生活再美好，他的世界也还是一片荒芜。这就是微笑与不微笑的区别。下面，我们看看一对姐妹花的故事。

几年前的一次火灾事故，让很多人丧失了生命，只有一对孪生姐妹死里逃生。虽然她们在灾难中顽强地活了下来，但是无情的大火却让原本面容娇美的两个女孩变得面目全非。

自那以后，姐姐不敢照镜子，她总是唉声叹气地说："我被烧成这个样子，还怎么出去见人呢？还不如当初死在火场里呢！"妹妹经常劝慰姐姐："那次大火，只有我们得救了，所以我们的生命尤为珍贵。如果我们垂头丧气的话，怎么对得起当初那些冒着危险把我们从火场里救出来的人呢！"

尽管妹妹多次努力开导姐姐，但是这些对于姐姐来说，没有丝毫的作用，她依旧终日活在灾难的阴影中，面对别人的讥讽以及异样的目光，始终不敢抬起头。终于有一天，她对生活彻底丧失了信心，再也没有活下去的勇气了，偷偷服用了大量安眠药，结束了自己年轻的生命。

面对又一次的困境和打击，妹妹没有抱怨，也没有从此一蹶不振，而是微笑着面对这些困厄，依旧乐观向上的生活着。她时常告诉自己："既然我活了下来，那么我生命的价值比谁都高，我要微笑着生活。"不管遇到什么样的冷嘲热讽，她都咬紧牙关昂首挺过去，乐观地生活。有一天，她在回家的路上发现不远处的一座桥上站着一个中年女人，她感觉情况有些不妙，便急忙停下车跑到女人眼前，可是那位中年女人已经跳下了河。从小喜爱游泳的她立即跳下河，把女人救了上来。

后来她才知道，那位中年女人非常富有，她的丈夫和女儿因为车祸离开了她，她无法承受这样的打击而产生了轻生的念头。得救之后，她决定报答自己的救命恩人，让她和自己一起经营生意。后来，这个原本平凡的女孩，凭借着自己的能力和自信，开办了公司，成了一个拥有数百万美元的富有女人。那时，再也没有人嘲笑她那被大火烧伤的面庞了。

——摘自《成功就是战胜自己》

面对同样的逆境，姐妹两人的态度却截然不同，当然，她们的结局也不同。生活中有很多事情不是我们所能控制的，当灾难降临到了我们身上时，我们要做的是接受它、正视它，进而改变自己的生活。就像故事中的妹妹，大火无情地毁掉了她曾经娇美的容颜，这对于任何一个女人来说都是致命的打击，但事实已经发生，她选择了接受，并无数次地告诉自己："既然我活了下来，那么我的生命就是最有价值的，我要微笑着生活下去。"也正是这种微笑面对生活的态度，最终改写了她的人生。

由此可见，微笑的力量是巨大的。所以从现在开始，让我们微笑着去唱生活的歌谣吧，不要再抱怨生活给予太多的磨难，不要再抱怨生命中有太多的曲折。想象一下，大海如果失去了巨浪的翻滚，就会失去雄浑；沙漠如果失去了飞沙的狂舞，就会失去壮观，那人生呢？如果仅去求得两点一线的一帆风顺，生命也就失去了五彩斑斓的美丽。生活中，荆棘和坎坷是不可避免的，我们与其抱怨，不如对生活展露一个微笑啦！

珍惜上帝送给你的礼物

车尔尼雪夫斯基曾说过："历史的道路不是涅瓦大街上的人行道，它完全是在田野中前进的，有时穿过尘埃，有时涉过泥泞，有时渡过沼泽，有时路经丛林。"人生的道路也并不总是洒满阳光、充满诗意，常常也会遇上沼泽、寒风或荆棘丛生的小道。

苦难，应该是现代人的一门必修课。我国南方一所大学的校训是："嚼得菜根，做得大事。"菜根，代表了生活的清苦和艰辛。一个有雄心的成功者，他必须经受得住日常工作、生活中形形色色的诱惑以及各种艰难困苦的考验，在这些考验中，他应该能行得正、走得稳。而且，他也应该经受得住现实生活的痛苦和考验。

史蒂芬逊是大家熟知的火车发明者。他出生于英国，双亲都是矿工，家境清苦。他十多岁便在矿场上班，十八岁时才有机会上学。毕业后，又到矿场当技工。

由于从小目睹矿工工作的艰辛与危险，史蒂芬逊决定为矿工改善工作环境。首先，他发明了矿坑安全灯，解决了采矿的照明问题，减少意外灾难的发生。

其次，他看到矿井底下运煤困难，又致力于火车的研究，希望减轻矿井工人运煤的辛劳。在当时想研究火车，需很大的经费投入，史蒂芬逊虽然每天过着清苦的生活，但追求成功的意志鼓舞着他克服种种困难，终获成功。

——摘自《男人不狠人生不稳》

没有吃不了的苦，却有享不了的福。人们忍受苦难的能力是非常强的，不论有多么大的困苦，都可以千方百计去克服。

尽管人们极力追求成功，追求幸福，同时人们又极力躲避痛苦，但是成功少不了痛苦，它是无论如何也躲避不了的事。人们能够做到的，只是如何缩短痛苦，减少、避免那些由于自身的原因所造成的痛苦。而在遇到痛苦之后，则力求化解痛苦，争取成功。

在一所大学的礼堂里，一位知名企业家正在做讲座。因为企业家的成就和他传奇般的经历，台下座无虚席。讲座中，企业家讲到了他的创业史，那接连不断的挫折与磨难，那一次次置之死地而后生的传奇经历，使听众无不慨叹，同时对企业家充满敬意。

最后企业家说："苦难的确是人生的一笔财富，也正是苦难造就了今天的我。假如把我创业过程中经历的几次苦难标价的话，那么每次苦难的价值都要值几百万元。"

企业家刚说到这里，不料一位听众突然打断了他的话，问："先生，你说苦难是财富，书上也说苦难是财富，可我现在正承受着苦难，我却觉得它不但一文不值，而且简直就是个魔鬼，它把我的自尊、事业、财富、爱情都毁了！"这个人的话在听众中产生了共鸣，他刚说完，便又有人发问："先生，这个世界上不知有多少人在苦难的折磨中默默死去，难道对他们来说，苦难也是人生的一笔财富吗？"企业家听完大家的问话后笑了，然后讲了一个故事：

"有一位著名的航海家，立下雄心壮志，要独自完成漂流大西洋的壮举，这在当时是史无前例的。有媒体记者说：'如果你漂流成功，你的名字将永载史册，而且出一本记录生存体验的书，将会带来几千万元的收入。'航海家雄心勃勃地出发了，在大海上他凭着经验、智慧和信念，一次次和暴风雨搏斗，和饥饿、疲劳搏斗，战胜了一次次苦难，闯过了一道道险关。

"可是，漂流了十几天，他看不到一点希望。不久，在一次和暴风雨搏斗时，他的指南针不慎掉进了大海，他只能凭着经验辨认方向。20多天过去了，他仍看不到陆地的影子。航海家开始怀疑自己的判断力，他认为自己是在海上无意义地兜圈子。精神的疲倦、体能的下降、信心的丧失，渐渐使航海家失去了继续前行的勇气，终于，航海家绝望了，在一个大雾弥漫的早晨，他割腕自杀了。不久，一条出海的渔船发现了他的尸体。

"令所有人遗憾的是，据专家推算，他自杀时，距海岸仅有几英里远了。航海家克服了那么多困难，唯独没有通过命运之神安排的最后一次'考试'，关于名载史册，关于出书，以及一切的一切均化为乌有。他在海上经历的所有苦难也就成了永远不为人知的谜，变得毫无价值。"

讲完这个故事，企业家接着说："要把苦难变成人生的财富是有条件的，那就是你必须彻底战胜苦难，苦难本身并没有价值，它的价值是人赋予的。把苦难当作人生的一笔财富的人，他必须能够从他经历的苦难中总结出宝贵的人生经验，并靠这些经验彻底战胜苦难，最终获得成功。而一个失败的人只会让别人产生怜悯和同情，哪有资格奢谈苦难是人生的财富？你是想让别人因你经历的苦难同情你，还是想让别人因你经历的苦难敬慕你？我想朋友们都会毫不迟疑地选择后者，那么请以你的信心、智慧、毅力给你的苦难赋予价值吧。"

——摘自《感谢折磨你的人》

企业家上述关于苦难价值的阐述的确很精彩。其实很多成功者的人生经历，都向我们展示了苦难的宝贵：越王勾践卧薪尝胆，才打败了吴国；司马迁饱受艰辛，才完成了《史记》；余秋雨风尘仆仆、长途劳顿，才写就《文化苦旅》；爱迪生实验了上千种材料，才找到了钨丝；高尔基在"人间大学"经受了种种磨炼，才成为卓越的作家……

  由此可见，苦难确实是一种财富，是上帝送给我们的礼物。我们应该学会珍惜苦难，充分利用它来磨炼自己的意志，唯有如此，人生才能变得更加美好。很多人都羡慕那光彩夺目的珍珠，却很少留意蚌那漫长的苦难经历。其实，现实生活中的我们就像那含珠的蚌，必须学会忍受沙砾的磨砺，才能让点点晶莹的"泪滴"凝结成光彩夺目的珍珠。

寻找工作中的乐趣

在现代社会中，有太多的人只要一提到自己的工作，就开始变得唉声叹气，然后无数个问题就从脑海中涌现了出来：为什么我每天忙得晕头转向，还会感觉空虚？为什么我每天累得筋疲力尽，却总是收效甚微？为什么我待遇优厚，还是感觉生活毫无意义？其实，答案很简单，就是因为没有在工作中找到快乐，所以才会有这些不好的感受。

有一则寓言很有意味，可能会让我们感触良多。

在古老的欧洲，有一个人在他死的时候，发现自己来到一个美妙而又能享受一切的地方。他刚踏进那片乐土，就有个看似侍者模样的人走过来问他："先生，您有什么需要吗？在这里您可以拥有一切您想要的：所有的美味佳肴，所有可能的娱乐以及各式各样的消遣，其中不乏妙龄美女，都可以让您尽情享用。"

这个人听了以后，感到有些惊奇，但非常高兴，他暗自窃喜：这不正是我在人世间的梦想嘛！一整天他都在品尝所有的佳肴美食，尽享美色的滋味。然而，有一天，他却对这一切感到索然乏味了，于是他就对侍者说："我对这一切感到很厌烦，我需要做一些事情。你可以给我找一份工作做吗？"

他没想到，他所得到的回答却是摇头："很抱歉，先生，这是我们这里唯一不能为您做的。这里没有工作可以给您。"

这个人非常沮丧，愤怒地挥动着手说："这真是太糟糕了！那我干脆就留在地狱好了！"

"您以为，您在什么地方呢？"那位侍者温和地说。

——摘自《是天堂也是地狱》

这则很富幽默感的寓言，好像是在告诉我们：失去工作就等于失去了快乐。但是，在现实生活中，很多人都没能领会工作的意义，他们总是在失业之后才能体会到这一点，这真不幸！

可能，在我们身上都有过这样的经历，刚进入一家公司，尤其是干自己喜欢的工作，总是特别投入，觉得工作很有意思。可是，当逐渐熟悉了工作，完全得心应手后，就没有了最初的新鲜感，曾经的兴奋和快乐开始归于平淡，甚至会对工作感到厌倦。

从心理学的角度讲，这是一种普遍存在的职业焦虑。对许多人来说，工作早已不是一件轻松的事，更谈不上有什么快乐可言。更为严重的是，许多人都感觉自己的身体处在一种亚健康状态。如果持续下去，得不到及时的休养和调整，那么健康之堤随时都有可能崩溃。这就迫切需要我们转变一下工作态度，由应付工作转变为享受工作，让工作成为一件快乐的事情。

很多时候，让我们快乐的并不是工作本身，而是我们对待工作的态度。我们对待工作的态度在很大程度上决定了我们是否快乐。心态若改变，工作的心情就会变。如果我们能重新审视工作的优点和缺点，改变一下看待工作的角度，换一种对待工作的态度，就能重新感受到工作的乐趣。

刚做旋车工的萨姆尔·沃克莱日复一日的工作就是旋螺丝钉，看着那一大堆等待他去旋车的螺丝钉，萨姆尔·沃克莱满腹牢骚，心想，自己干什么不好，为什么偏偏来旋螺丝钉呢？他想过找老板调换工作，甚至想过辞职，但都行不通。最后寻思能不能找到一个积极的办法，使单调乏味的工作变得有趣起来。

于是，他和工友商量开展比赛，看谁做得快，工友和他颇有同感。这个办法果然有效，他们工作起来再也不像以前那样乏味了，而且效率也大为提高。不久，他们就被提拔到新的工作岗位。后来，沃克莱成了著名的鲍耳文火车制造厂的厂长。

——摘自《把工作当成一种乐趣》

工作在现代人生活中的分量愈来愈重，甚至成为评量成功与否的重要指标。不管你为哪家公司、哪个组织工作，最好的方法就是把工作当成一种乐趣。在今天，享受工作乐趣的方法很多，科学家、运动员、艺术家、音乐家或演员都是以工作为乐的。要乐在工作最好的方法，就是将它视为一种终生的成长历程。

那么，我们怎样才能快乐工作呢？其实，只需要我们掌握以下四点：

首先，我们必须学会爱上自己现在的工作。事实上，现实社会中会有种种限制阻碍我们追求心目中理想的工作，但我们应该学会热爱所做的工作，即使做的是一份不太喜欢的工作，也要心甘情愿去做，凭借对工作的热爱去发掘每个人内心蕴藏着的活力、热情和巨大的创造力。因此，我们要热爱自己的工作，以乐观积极的态度去对待手中的工作。

其次，要学会从工作中享受快乐。在工作中，一个人最重要的是要有责任心与敬业精神，而工作轻松不一定使人快乐。其实人在空闲无聊的时候，不是感到快乐而是感到烦恼和不安，而忙碌的人，倒往往是最快乐的。每做完一件事情，心里就会感到一种快慰。工作是有益于健康的，而且它可以排除人们的孤独感和忧愁感，所以，我们要学会在工作中享受快乐。

再者，要学会在工作中与人和谐相处。人的社会属性决定了人的活动不是孤立的、单一的，他必然要融入到集体中、社会中。工作使人们能与社会广泛接触，得到关心和帮助，得到友谊和温暖，这对身心健康非常有利。因此，如果我们能够和周围的同事友好相处，团结互助，就会感觉工作是快乐的。

最后，要学会在自愿工作中追求快乐。"快乐"是人本能的向往和追求，是自主自愿行为，谁都渴望能快乐的生活，快乐的工作，因此，我们要善于在自愿工作中追求快乐。

当我们真的掌握好这四点，也许我们就不会再为工作而感到疲惫与苦恼了。要知道，工作也是我们生活必不可少的一部分，所以我们要积极看待它，唯有如此，我们才能为自己创造一个更加美好的明天。工作是快乐的，工作的人是美丽的，生活是美好的，还有什么不知足的呢？就这样一直下去吧！

别把压力太当一回事儿

人生在世,虽然都避免不了要遭受生活和工作带来的种种压力,但很多人都能够顽强地战胜它。战胜它的最佳办法就是:先放"心"面对,再用"心"解决。

生命其实就像一条航行远方的船,在遇到滔天骇浪时,就要把无用的东西扔下船去,这样才能够减轻负担,更好地前行。然而却有很多人并不明白这个道理,于是就被那些毫无用处的"心理货物"压得喘不过气来而难以前行。其实,只要我们愿意卸下这些"心理货物",就可以马上变得轻松。

一天,一个大和尚和一个小和尚出外化缘,来到水流湍急的河边,看见河边有个美貌的女子因不敢涉水过河正在发愁,小和尚二话没说背起女子涉水过了河,将她放在对岸。

第二天,他俩回到寺里,小和尚聚精会神地诵经,可大和尚老想着昨天发生的事,悄悄地问小和尚:"我们出家人要守戒律,不能亲近女色,你怎么能背那女子过河呢?"小和尚说:"那个女人呀,我早就把她放下了,你怎么到现在还挂在心上?"

——摘自《压力变动力是蜜糖》

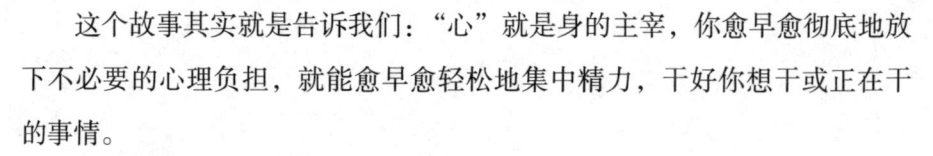

这个故事其实就是告诉我们："心"就是身的主宰，你愈早愈彻底地放下不必要的心理负担，就能愈早愈轻松地集中精力，干好你想干或正在干的事情。

所谓用"心"解决，就是要弄清压力产生的根源。人们普遍认为压力是问题引起的，其实引起压力的真正原因是人们对问题的态度。事情的本身并无绝对的压力可言。同样一件事情，张三认为有压力，而李四却认为是挑战是乐趣。可见，问题本身都不是问题，如果不用"心"解决，它才是最大的问题。

把压力呼出去，把动力吸进来，必须改变态度。你如果面对无法摆脱的压力时，就应该反复地对自己说："这是对我的挑战和考验。""这是催促我努力学习，积极工作，奋发向上的动力。"只要换个角度去思考，态度一改变，压力很快就能减轻。

在匆忙紧张的现代社会里，我们很多时候都在负重而行，同事之间的竞争、工作上的麻烦、事业上挫折、生活中的种种不如意等，都让我们饱受压力，害怕被淘汰，精神总是特别紧张。

只要生活还在继续，就没有一个轻松自在的世外桃源可以让我们躲避。人生在世，不承受压力是不可能的，但是我们完全可以换一个角度看待压力，从而把压力的包袱从心里卸下来。

压力并非全是坏事，我们肩上的压力越大，说明我们人生的收获就越大。因为我们从这个世界不断捡起我们想要的东西，所以我们肩上的压力才会越来越大，如果你明白了这个道理，你还会抱怨压力吗？

有位年轻人感觉生活太沉重了，自己已经无力承受，于是他便去请教智者，让他帮助自己寻找解脱的办法。智者什么话也没说，只是让他把一个背篓背在肩上，然后指着一条沙砾路说："你每往前走一步，就捡一块石头扔进背篓，看看是什么感觉。"

停了一会儿，年轻人走到了尽头，智者问他有什么感觉。年轻人说感觉肩上的背篓越来越重。

智者说:"我们每个人来到这个世上,肩上都背着一个空篓子,在人生的路上,我们每走一步,就要从这个世界上捡一样东西放进背篓,所以我们才会感到生活得越来越累。"

这时,年轻人就问智者:"有什么方法可以把这种负担减轻吗?"

智者问:"你愿意把工作、家庭、爱情、友谊和生活中的哪一样取出来扔掉呢?"

年轻人沉默不语,因为,他觉得他哪一个都不愿意扔掉。

这时,智者微笑着说:"如果你觉得生活沉重,那说明你已经拥有了全面的生活,你应该感到庆幸。假如你失去其中的任何一种,你的生活都会变得不完整,这样你愿意吗?你应该为自己不是总统而庆幸,因为他肩上的背篓比你的又大又重,但是,他可以把其中的任何一样拿出来吗?"

年轻人终于明白了生活的道理,他认真地点了点头,并且露出了开心的笑容,好像突然明白了很多道理,心里感到非常轻松。

——摘自《收拾一份好心情,让阳光住进来》

生活中的压力是无法消除的,你越感到压力的沉重,说明你的生活越丰富,你所拥有的生命越厚重,你的人生就越有意义。背负压力,负重而行,虽然是一件很痛苦的事情,可是,没有负重而行就难以体会到无负重的轻松愉快。同时,没有负重而行,就不会有什么责任,也就无所谓什么克服困难而取得成就,自然更不可能体会到克服困难后的那种如释重负的快感。没有负重的生命不是完整的生命,没有负重的人生不是圆满的人生。

当你不那么讨厌压力,不再把它当成一种负担的时候,再进行自我调节就容易多了。

运动是缓和焦虑、减轻压力的最直接、最有效的方法之一。消耗体力是人类最自然的发泄渠道,人在运动之后,身体可以恢复到正常的平衡状态,郁闷的情绪能得以宣泄,精神也能得到放松。

与家人、朋友的共处也是一种很好的方法。谈论一些轻松的话题,可以把你的工作和生活截然分开，让你充分享受生活的幸福。

另外，还有一种方式可以减轻我们的压力，那就是"诉苦"。适当地向周围人"诉苦"，也可以减轻我们心中的郁闷。人们在工作中和生活中所遇到的压力是各种各样的，每当自己感到有压力时，不妨找自己的好朋友倾诉一下。如果一时找不到合适的朋友听自己倾诉，还可以采取自我倾诉（如自言自语，写日记等）的方法，这对减轻压力也是很有帮助的。有不少人认为，向别人倾诉自己的苦处是一种懦弱的表现，实际上，倾诉内心的郁闷是一种科学的心理排遣方式，与勇敢与否没有任何联系。

很多人都习惯把麻烦问题放在一边，等着以后解决，其实，这是一个非常不好的习惯。假如你发现自己有这样的倾向，就要赶快改掉这个坏习惯。不管什么问题，都要学会果断敏捷地做出决定，问题不管拖多久都无济于事，该解决还得解决。有时候拖得越久，问题反而会变得越复杂，问题都是越早解决越好的。不管现在面临的问题有多么严重，你都要慎重地权衡，把各个方面都顾虑到，然后做出比较明智的决定。敢于面对问题、面对压力的人才有希望收获真正意义上的成功。

扬起头去看世界

尽管我们的人生之路充满了坎坷与荆棘，但是还有很多美丽的风景等着我们去欣赏。所以，生命对我们而言更多的是美好。为了这些美好，我们也应该去笑对那些坎坷与荆棘。在生活中，我们不可能每日都是艳阳天，狂风暴雨随时都有可能向我们发起"问候"。这个时候，我们该怎么办呢？难道要去逃避吗？当然不行！我们要学会勇敢面对它的到来，看开一点儿，天无绝人之路嘛，既然生活丢给我们一个难题，那么同时它也会赋予我们解决问题的能力。我们千万别把事情看得太糟，因为天下没有绝对的好事，自然也不会有绝对的坏事，好事跟坏事总是相对的。

虽然人活在世谁都希望富贵荣华、功成名就，但要适可而止，不要不切实际地去追求。如果过于贪图浮华名利，它必然会束缚你的手脚，阻碍你前进的步伐，你的生命将会因此而失色，你也会因此而失去很多的快乐。所以，我们应换一种眼光去看待富贵与贫穷。富足优越的生活更容易让人丧失上进心，而一贫如洗的日子更能激发人们去奋斗。当我们面对所谓的坏事时，只要认真去发掘其中好的一面，就能化险为夷，化危机为转机。

有一对恋人在热恋之中步入了婚姻的殿堂，在甜蜜的爱情高潮过去之后，他们开始面对日益艰难的生计。妻子整天为缺少财富而闷闷不乐，他们需要很多很多的钱，1万元，10万元，最好有100万元。有了钱才能买房子，买家具家电，才能吃好的、穿好的……可是他们的钱太少了，少得只够维持最基本的日常开支。她的丈夫却是个很乐观的人，不断寻找机会开导妻子。

有一天，他们去医院看望一个朋友。朋友说，他的病是累出来的，常常为了挣钱不吃饭不睡觉。回到家里，丈夫就问妻子："现在如果给你钱，但同时让你为了挣钱而躺在医院里，你要不要？"妻子想了想，说："不要。"

过了几天，他们去郊外散步。他们经过的路边有一幢漂亮的别墅，从别墅里走出来一对白发苍苍的老年夫妇。丈夫又问妻子："假如现在就让你住上这样的别墅，同时变得跟他们一样老，你愿意不愿意？"妻子不假思索地回答："我才不愿意呢。"

他们所在的城市破获了一起重大团伙抢劫案，这个团伙的主犯抢劫现钞超过100万元，被法院判处死刑。罪犯被押赴刑场的那一天，丈夫对妻子说："假如给你100万元，让你马上去死，你干不干？"妻子生气了："你胡说什么呀？给我一座金山我也不干！"丈夫笑了："这就对了。你看，我们原来是这么富有——我们拥有生命，拥有青春和健康，这些财富已经超过了100万元，我们还有靠劳动创造财富的双手，你还愁什么呢？"妻子把丈夫的话细细地咀嚼品味了一番，也变得快乐起来。

——摘自《经典哲理故事》

只要我们换个角度去看待生活，就会发现生活是那么美好！有了快乐的心境和正确的态度，人生才会圆满。我们虽然无法改变我们的境况，但我们可以改变自己的心态。不富足不要紧，但不能没有快乐，如果连快乐都失去了，那活着还有什么意义？因为追求快乐是人的天性，开心是生命中最顽强、最执着的韵律。

生活中许多的事情并不尽如人意，我们常常为此埋怨和担忧。其实，生活不可能百分之百的和谐完美，幸福快乐，在很多时候，取决于你对事情的思维角度和方式。生活中的苦、累或者开心、舒坦，往往都取决于人的心态和心境；涉及到人对于生活的态度，对于事物的感受。换个角度来看生活，你就能够坦然地面对生活，勇敢地面对人生。

有一家纺织厂，经济效益不好，工厂决定让一批人下岗。在这一批下岗人员里有两位女性，她们都四十岁左右，一位是大学毕业生，工厂的工程师，另一位则是普通女工。

女工程师下岗后，她的心里总觉得不平衡，认为下岗是一件丢人的事，自己是一个失败的人。她的心态渐渐地由愤怒转化成了抱怨，又由抱怨转化成了内疚。她整天都闷闷不乐地待在家里，不愿出门见人，更没想过要重新开始自己的人生，孤独而忧郁的心态控制了她的一切，她本来就血压高、身体弱，忧郁的心态又总是把自己的注意力集中到下岗这件事上，使她无法解脱。没过多久，她就带着忧郁的心态和不低的智商孤独地离开了人世。

普通女工的心态却大不一样，她想，别人既然没有工作能生活下去，自己也肯定能生活下去。她没有抱怨和焦虑，平心静气地接受了现实。因为自己平日里比较喜欢看书，就想开一家小型的读书室，于是筹借资金，读书室便开了起来。由于普通女工经营了卖书、阅读、租借的全部业务，使得她的生意很红火，她不仅挣到了比以前上班还要多的钱，而且，她还觉得自己过得很快乐。

——摘自《苦有得悦失意存悲》

有句话人们经常挂在嘴边说："上帝为你关上了一扇门，也会为你敞开一扇窗。"这句话其实就是告诉我们：无论我们遭遇了什么样的挫折，都没有必要害怕，因为条条大道通罗马，所有的挫折都会过去。只要我们没有被挫折击垮，而坦然面对失去，懂得把眼光放在遥远的以后，想想自己还有一个健康的好身体，还有一双可以为自己拼天下的手，还有许许多多的机会在等待着我们去发掘，那么，我们就会发现世界上还有很多美好！我们应该把握自己还拥有的东西，去做自己想做的事情，完成自己心中的梦想，实现自己的人生价值。其实，人生中有很多的事情，只要我们愿意换个角度，那么就会看到很多的美好。

我们要拥有一个良好的心态，不要为打翻了的牛奶而哭泣，承认已经发生的事，不要沉溺在过去的伤痛中，这样才能继续前进，继续发掘前方路上的美好。我们要知道，得到和失去永远都是相对的，为了得到一些东西，我们必然就要失去一些东西，反之，我们若正失去一些东西，就有可能会换取到更大的获得。所以，与其为了失去而懊恼，不如全力争取新的得到。

人生是一场旅行，走过的路，我们没有办法再回头。与其因为一个磕绊哭哭啼啼、消极自弃、埋怨他人，倒不如坦然面对，提起行囊继续上路，去实现自己的人生价值。不要害怕路上的荆棘，因为该经历的，我们逃不掉，遇到它们时，我们必然会痛。但是，只要我们愿意扬起头去看看这个世界，就会发现，迎面而来的是一片灿烂的阳光！

破碎的美，才值得生命去回味

中国台湾有个著名歌星曾说过这样一句话："因为留有遗憾，所以才叫人生。"不知道看到这句话，大家的心里会怎么想？也许，很多人会说：人生为什么要留遗憾呢？那样，老了之后，我们难道不会后悔吗？也许会吧！可是我们有没有想过：人生中，有很多遗憾，我们没有办法自控，与其深陷，不如留念。这样一来，才会更好。

人生是避免不了遗憾的存在的，在漫漫的人生之路上，没有人能保证自己一步都不会错，没有人能把自己的人生过得十全十美。既然如此，我们就必须承认遗憾是我们人生的一部分，它可能是我们主动地放弃，也可能是我们无意间的错过，还或许是我们拼了命却怎么也得不到的东西……这些都是遗憾，它就是这么存在着。对于它的存在，我们最好的方式就是接受它，然后，过好属于自己的每一个今天。

倪亚在年轻的时候很爱一个姑娘，可是他特别胆小，于是只能默默地关注着，到后来，那个姑娘谈起了恋爱，他也在远处一直观望着，没过多久，那个姑娘失恋了，原来跟她在一起的那个男人是一个骗子，他骗走了她所有的钱，也骗走了她最纯真的感情。

那段期间，姑娘几乎崩溃，甚至想到要自杀。她站在六楼的楼顶，神情恍恍惚惚。这时，一直跟在她身后的倪亚出现了，他救下了自己心爱的姑娘。后来，他们渐渐变成了朋友，每天都会在一起吃饭、散步，倪亚把她哄得很开心。

有一次，姑娘问倪亚："你为什么对我这么好？"倪亚一听，顿时脸就红了，他支支吾吾半天也没回答。其实，倪亚心里明白，姑娘对他已经有了好感，只要自己勇敢一点点，或许两个人就能走到一起。可是，倪亚犹豫了，他觉得自己配不上姑娘，他想在事业有成之后，再跟姑娘告白，然后给她幸福。

可是幸福等不起，姑娘又恋爱了，倪亚又变成了观望者，这一次，姑娘和她的爱人走入了婚姻殿堂，倪亚彻底失去了机会。

多年以后，倪亚跟朋友提及此事，不由地笑出声来。朋友疑惑地问他："既然当初你那么喜欢她，为什么不去告白呢？错过，多么令人遗憾啊！"倪亚拍了拍自己跛脚的腿，笑着说："有点遗憾挺好的，至少这份遗憾，让我现在还想着她。"

——摘自《有一种美丽叫遗憾》

看完这个故事，有没有觉得，其实有时候遗憾也挺好的？在我们生活中，许多事情总是想象比现实更美，相逢如是，离别也是如此，当现实的情形不按照理想的情形发展，遗憾便产生了。遗憾可以彰显出悲壮之情，而悲壮又给后人留下一种永恒的力量。也许生活带走了太多东西，可是却留下片片真情。有过缺憾的人，必定是感觉到深切痛苦的人，这样的人也必定真实地活过，付出过最真的心，用自己的行动演绎过至真至纯的情感，令人心动和感慨。

错过的一切如同错过的时光一样，无法找回，有时我们本可以轻易地拥有，然而却让它悄然溜走了。电视剧《半生缘》里，男女主人公是真心相爱的，但命运与缘分的捉弄使他们各奔东西，多年以后他们再次相见，痛苦万分，追悔不及，只剩下遗憾。也许人世间最大的悲剧莫过于两个相恋的人不能牵手一生一世，但正因为有了遗憾，那份情意才越发显得弥足珍贵，既浸入骨髓又超然永恒。又如梁山伯与祝英台的爱情故事，如若他们真的走到了一起，朝朝与暮暮，相伴一生，白头偕老，那又何来千古绝唱的凄婉？

不必再去说割舍不下什么，因为已经没有选择的余地了，美好的东西总是太多，我们不可能全部都得到。

有时候，真的很希望日子可以重来一次，那样的话就可以重新选择一切，面对相同的时间里发生的相同故事不会再重蹈覆辙，不会再走这样的心路。可是你想过没有，如果没有经历过缺憾，又怎么能懂得珍惜？如果不是遗憾，又怎么可以那么刻骨铭心地去记住一个人？有许多事必须要亲身经历了才会懂，有了遗憾，才有了可以回忆的片段，才有了令我们一生也无法忘怀的东西。

在每个人的工作、生活、学习中，都会有或多或少的遗憾，没有几个人会喜欢它，但它确确实实又是生命中的收获。它可以是美好的回忆，也可以是痛苦的煎熬，带给人的是对生命更多、更深刻的感悟。没有经历过遗憾的人生是不完整的，遗憾是一种感人的美，一种破碎的美，因为有它，人世间一切的真善美将更值得称颂；因为有它，生活才更值得去回味。

当我们明白遗憾的意义，同样也会明白人生的意义，因为在经历遗憾以后，我们才会学到了许多，明白了许多，也成熟了许多。人生之路，一定不会总有枝繁叶茂的大树，鲜艳夺目的花朵，蝶飞蜂舞的美好景色，它一定也会有阻挡在前的高山和荒凉的沙漠；一定不会总有阳光照耀下缤纷的色彩，也会有阴天时的迷雾重重；生活不仅有灿烂的笑颜，还会有无言的泪水……

我们要记得：遗憾是人生的必要的代价。我们走过那么多的时光，遗憾始终都会陪在我们的身旁。穿越过岁月的风雨才发觉，失去的东西很珍贵，没有得到的东西也很珍贵。但世间最珍贵的还是去把握现在，去珍惜这似水的流年，即使将来容颜不再，至少还可以对自己说："我有遗憾，但是遗憾过后，我曾坚定地好好生活过，我不后悔。"

心　　愿

　　人生在世，最大的痛苦莫过于看着亲人离开而无能为力。人类生死的自然规律是我们无法更改的，既然如此，我们就要坦然地接受这一现实，逝者已去，生者犹在。对已逝亲人最大的尊重和怀念莫过于好好地活着，珍惜生命中的每一天。

　　面对亲人的离去，能做到坦然接受是非常不易的。生与死，是人类无法操作的两大领域，当科学知识没有能力解释时，我们就把希望寄托在了各种宗教上。这些宗教理念虽然无法用科学来验证，但是至少能够让我们更加容易接受亲人离去的事实。

　　成龙在他的博客里曾这样写道："逝者，只是结束了在这个空间的行程，他们会以另一种状态每日陪伴着我们，给我们力量！""这种失去亲人的痛楚让我更知道幸福的意义，知道生命的意义，在以后快乐的日子里我不会忘记抬头望望天，让天国的慈父爱母依然看得到我，继续为我骄傲快乐！"

　　托尼在伯父的林场里散步，时不时听到树上小枝子断裂时发出的噼啪声，偶尔也可以听到猫头鹰的叫声。

　　"大卫，奶奶为什么会死？"8岁的堂弟汤姆突然问他。托尼吓了一跳，因为他没有想到汤姆会跟他说话，他们散步这么久了，汤姆还没跟他说过一句话呢。

"那是上帝的意愿。"托尼边说边捡起一根树枝,用力甩了出去。他转过脸看看小堂弟,接着说,"上帝出于某种原因让她死的。"

"我不明白,你讲讲死到底是什么?"汤姆大声说。他的语气让托尼吃惊,他的眼睛里好像有了泪水。

"奶奶去世,你一定很伤心吧?"汤姆点点头。

"好吧,我来跟你讲一讲。"托尼停下来,希望这时能看到一只兔妈妈带着小兔子穿过树林,这样就可以用它们来做个例子。可是,四周除了高高的橡树,什么也看不到。"汤姆,奶奶老了,"他正说着,一片树叶落下来,他捡起树叶递给汤姆,"这片树叶曾经很年轻,可现在老了。"

"所有的人都是这样死的吗?"汤姆看着树叶问。

"当然不是,就像所有的树叶不会以相同的方式落下一样。"

"别的树叶是怎样落的?"

"有的落得很慢,像奶奶一样……"

"这我知道。"汤姆打断托尼的话,"告诉我,其他人的树叶是怎样的?"

"我刚才不是在说吗?有些树叶落得很慢,像老人;有些落得很快,就像有人患了癌症。"托尼从地上拾起一块鹅卵石,抛向天空。

"为什么有的树叶落得快?"托尼真想不到汤姆会提出这么多的问题。

"这,我也说不清,也许是因为有的树叶天生虚弱,要么就是它们病了,就像我们有的人很早就死去。"

"有时候我看到树枝断的时候,成百上千的树叶同时落下,那是怎么回事?"

"你想想,遇到飞机失事或地震时,不是也有成百上千的人死亡吗?这跟树叶是一样的,有时会一起落下来。"

——摘自《抓住自己的树叶》

看了上面的故事，我们就知道：人是不可能长生不老的，死亡对于我们人类而言，如同时间流逝一般，只能接受。我们可以把死亡理解成另一种形式的生存，这样或许能减少一点我们的悲痛。对于个人而言，生命或许是有限的，可是对于整个人类而言，生命是不断繁衍，世世相传的。亲人的离开是悲痛的，可是如果长期处于这种悲痛中，连正常的生活都无法进行下去。我想这也不是那些离开的人想要见到的。对于那些先于我们离开的人而言，我们健康的、快乐的生活才是他们在天国最希望看到的。为了不让他们担心人世间的我们，我们要选择积极的生活方式，努力的生活，不仅仅为了自己，也为了那些牵挂我们的亲人。

方雅是奶奶带大的，她对奶奶有着特殊的感情。在她初三那一年，她在外打工的爸妈回来，把她接回了城里，从那之后，她要逢年过节才有机会回家看望奶奶。每次离开的时候，都是万分不舍。

高中毕业的时候，方雅还没来得及把高考后的喜讯告诉奶奶，就传来了奶奶去世的噩耗，方雅在听到噩耗的那一瞬间昏厥了过去，醒来之后开始不吃不喝，经常一个人躲到没有人的地方发呆，爸妈劝了她很久，也无济于事。

她在参加完奶奶的葬礼之后，一个人去了曾经和奶奶一起住的房子。屋里才短短半个月没收拾，就落了一层灰，她把屋子从里到外都收拾了一遍。忽然在奶奶的被褥下面看到了一张照片，那是自己七八岁时的照片，边角都已经有些泛黄，卷曲了，她再也遏制不住自己的眼泪，嚎啕大哭起来。哭完之后，她小心翼翼地把照片放入怀里，躺在奶奶的床上睡去了。梦里，她好像看见了奶奶，奶奶一直对着她笑着，喊着"雅雅，雅雅……"然后，一瞬间就不见了。

第二天一早，方雅醒来的时候，发现自己的妈妈伏在自己的床边睡着，这时，妈妈也醒了，她看着方雅，流下泪来："傻孩子，妈妈一直跟着你，怕你出事……"

方雅哭了："妈，我梦见奶奶了，奶奶她一直对我笑，喊着'雅雅''雅雅'……可是，醒了，她就不在了……"

　　妈妈把方雅搂在怀里，一遍又一遍摸着她的后背，安抚她："别再难过了，上帝给奶奶的时间到了，她去更好的地方了，她一定希望你能开开心心的，而不是现在这样子……"

　　方雅明白妈妈的苦心，她知道奶奶再也不会回到自己的身边了。为了奶奶对自己的这份爱，她也要打起精神来，好好微笑，好好生活！

——摘自《永远的思念》

　　时间可以抚平一切，同样也可以减轻我们的痛苦。我们要相信生命是轮回不灭的，即使肉体不在，但精神可以永存。就像成龙述说的那样，即使他们不像以前那样走动在我们身边，但是我们依然可以感觉到他们的存在，他们在精神上依然陪伴着我们，他们的爱依然环绕在我们身上，我们要把他们的爱也传播给其他的亲人，这样才有生命的意义。

　　对于那些悲观的人，当亲人离开时，他们会瞬间失去生活的勇气，有的甚至选择死亡去逃避痛苦。这样不但让死者无法安息，也让其他亲人的痛苦更加雪上加霜。没有什么跨越不了的难关，没有什么抚平不了的伤痛。当你无法扭转亲人离世的悲剧时，只能选择坦然去面对那令你伤痛的事实。试着让自己好过一点吧，因为离世的亲人一定不想看到你为他沮丧难过的样子，他肯定希望你能过得快乐，"你过的好"，对他而言才是最大的心愿。

第八章

在喧嚣的世界中寻找一丝安宁

在如今快节奏发展的城市里,我们很多人的生活就像是正在快播的电影,很多情节都没看清,却已经翻页,而且还不能倒带重播。快节奏的生活让很多人都倦了,累了,多么渴望找到一个宁静的港湾,好好休憩,静静思考……

说真的，别把生活过复杂了

刘心武曾经说过这样的一句话，在五光十色的现代社会中，让我们记住一个古老的真理：活得简单才能自由。如今的社会发展的十分迅速，我们生活水平也跟着不断提高，很多人都步入了小康生活，在解决了"生存"这个基本的问题之后，大家就开始思索，如何让自己生活的更加有质量，更加舒适的问题了。

如今的时代，消费已然已成主流。人们以攫取金钱和占有财富来极大满足感官生活的需要，于是许多矛盾接踵而至，拥有的东西太多，吃喝玩乐，追逐时尚，盲目趋同，应接不暇。这样一来，人的生命内涵淡化了，人的注意力分散了，人变成了物的奴隶，人得牺牲时间侍候物，以致精疲力竭，力不从心。其结果是人的心智内存被淤积，人的精神生命被消解，人被物化异化，人情味丧失，麻木不仁，漠不关心。过多的物质享受，让我们失去了生活的重心，到头来，物质成了我们的负累和周围人的隔离栏，倒是得不偿失了。

一直以来，白小琴都坚持这样的人生观：享受生活、快乐生活。为了这种"享受"，为了这种"快乐"，白小琴却将自己变成了一个标准的"负婆"：无积蓄，有贷款。

白小琴和其他女孩子一样，对新衣服情有独钟。在她们小区附近，有一家时尚服装店，白小琴可是他们的老顾客了。每次，只要店里进了新货，白小琴总会是第一个知道的。

每次，当白小琴提着新款衣服从服装店里出来的时候，她都会快乐无比。本来，这样的生活，白小琴是很享受的，可是，她却太喜欢攀比了。当她发现小区中的某人购买的衣服款式比她的新、价格比她的贵的时候，原来那种从购买新衣服中获得的快感，便会顷刻间消失殆尽。

白小琴是一家杂志社的职员，月收入在3000元左右。她性格开朗、为人热情，非常招人喜欢，可是，她却有一个致命的缺点，就是爱攀比：看到朋友买了一条项链，她也要去买一条；看到同事出国旅游了，她也想出国见识见识；看到邻居买了某个品牌的包包，她就开始留意该品牌的商品……

"你看隔壁办公室的李红，她昨天买的裙子花了一千多元呢，我这才几百元。"拿着自己刚买的新裙子，白小琴不禁在好友面前感叹着。

好友忍不住，惊呼起来："天啊，白小琴！你买这么多衣服穿得过来吗？你怎么这么喜欢和别人攀比啊？"

看到她这么爱攀比着买东西，好友不禁直言相劝："有必要跟人家比吗？和你一个办公室的张姐，人家老公是外企的，你老公是吗？再看看李红，人家的父母可都是退休干部，家里没负担……"

对于好友的劝告，白小琴一般都是左耳朵进、右耳朵出。因为爱跟人攀比着买东西，白小琴到月底经常捉襟见肘。但是，如果不买，她又会感觉心里不舒服。

为了能买到自己想要的东西，她一共办了三张信用卡：一张主要是用来在网上开通支付宝购买商品，一张是用来在商场购物，还有一张是专门用来吃饭唱歌等消费的。为了还这三张信用卡的钱，她经常是拆东墙补西墙。但是，对于自己的这种行为，白小琴却不以为然。后来，她终于因为负债累累而吃了大亏，她周围的朋友也都渐渐离她远去了。

——摘自《生活原本如此》

有位作家这样说："让你的生命之舟，只承载你所需要的东西，例如，你只要一个朴素的家和一种单纯的喜悦；一个或两个值得交的朋友；一些你爱的人或是爱你的人；一只狗、一支笛子；刚好足够的食物和衣服；还有稍微多一点的水分，因为口渴是件危险的事。"这些外在的东西只要能满足我们的基本生活就可以了，重要的是我们要有一颗广阔的心，让自己的心灵恬淡起来，让自己的心智活跃起来，这样活着，我们的人生才会色彩斑斓。其实，生活，不就是这么简单吗？

但是，在现实生活中，太多的人把生活过复杂了，因而失去了原本应有的自由和幸福。其实，生活注重的是一种感觉，并不是物质条件越好，感觉就会越好的。懂得感知幸福的人不会盯着别人拥有的看，而是珍惜自己所拥有的。不懂得感知幸福的人，总是抱怨自己没有别人拥有的多。幸福与不幸只是人的一念之差，可能家财万贯的人也会不快乐，而街头流浪的乞丐却常常感觉到快乐。

雯雯去一个朋友家玩，朋友家很有钱，住的是三层的别墅。雯雯第一次进朋友家的时候以为是在拍电视剧，因为别墅又大又豪华。雯雯一个人住好大一间房，床是自己梦寐以求的那种超大超软的欧式床，那一刻雯雯觉得真是羡慕极了。到了晚上，雯雯睡不着，她想应该是自己太兴奋了，可脑海中却想念起了家里的老公，家中的那张不大的床。

很快一周就过去了，雯雯向朋友道别后离开。到了家，雯雯做的第一件事就是直奔卧室，一下把自己"扔"上床："还是咱家这床最舒服。"

老公笑了："所以说啊，金窝银窝不如自家的狗窝，我也是这么感觉的。"雯雯躺在床上，眼睛盯着天花板说道："虽然我们的床不大，也没有那么软，但因为它是我们共同的床，是我们共同的窝，所以我觉得睡在上面是最舒适的。虽然我们的家还不到80平方米，但我却觉得这是世界上最温暖的地方。因为有你，所以幸福和快乐会溢满小屋；因为有你、我睡觉才总是那么香甜；因为有你，我总是一下班就马上赶回家；因为有你，哪怕屋子再小，我都觉得幸福、安稳、踏实；因为有你，不管我去到哪儿总是恋着我们这张一米五的小床……"

老公听后特别感动："放心吧！老婆，我会让你过上好日子的，我总有一天一定会给你买一个200平方米的大房子。"

雯雯摇摇头说："房子不重要，只要和你在一起，住什么房子我都满意。记得刚结婚我们住的那间老房子吗？里面的瓶瓶罐罐都是我所怀念的；后来我们搬新房，也才40多平方米，但里面却有我们许多欢笑；再后来我们一起上班，一起住在公司那小屋里，每天我们一起做饭，多美好啊；去年我们买了这间新房，我一样觉得是最舒服、最温馨的。其实不是看房子有多大、有多豪华，而是看和谁住在一起。"

老公听后，深深地抱紧雯雯，里面包含的是感激和深情。

——摘自《幸福是一种感觉》

你看，雯雯的生活就是简单的，她明白自己想要的是什么，也明白幸福其实就是活得足够简单。在我们身边，可能有很多人还不懂得简单的内涵，那么到底什么是简单呢？简单绝不是意味着清苦与贫困，而是我们对生活的一种态度，一种选择。

简单，是一种表现真实自我的生活；是一种丰富、健康、平凡、和谐、悠闲的生活；是一种让自然沐浴身心、在静与动之间寻求平衡的生活；是一种无私、无畏、超凡脱俗的崇高生活。它最主要的特征就是"悠闲"。在现实生活中我们被太多的物欲驱使着——豪华的房子、尽可能多的金钱、漂亮的女人、体面的男人、出人头地的子女……随波逐流的追逐使我们精疲力竭，太多的追求使我们失去了心灵的自由。我们没有时间问自己这一切是为了什么，我们真的需要这些吗？

人生在世，需要有生存所不可缺少的衣、食、住、行，我们需要有酬或无酬的工作……作为人，我们不能一无所有，我们需要一定程度的对美和美的事物的追求。但我们往往过度追求便使我们陷入了债务、劳累和不断出现的困境，我们因此失去了生活的激情。

在生活中，我们要先满足生活的基本需求——住房、营养食品和衣服，做到自给自足并为之付出精力和时间。然后，在剩余时间里，所有该做的事就是使自己成为一个安谧悠闲的人，而不是把时间耗费在无谓的应酬和劳作中。说句实话，你问问自己想快乐吗？如果是，那就别把生活过复杂了，否则快乐就没了。

最好的风景就在你身边

时代发展快了,我们争相追逐的脚步也快了。因为"快",我们常常把自己弄得疲惫不堪,想要停下来休息的时候,发现身边人已把自己落下了,没办法,于是我们又急急忙忙赶着上路。

很多时候,我们就像风筝,被人牵着,失去了自由。我们总是抱怨:"没有办法啊!不快点儿能行吗?我要吃饭,要过更好的生活,你看看别人……"话说到这儿,真的很想问一句:我们为什么要看别人呢?这个问题,可能我们都想过,甚至也告诉过自己,根本没有必要去看别人。可是当我们真的处在这个集体"快跑"的环境中时,很多想过的事,我们渐渐都忘记了。

现在的我们,为了钱,总是东西南北团团转;为了权,总是上下左右转团团;为了欲,总是上上下下奔窜;为了名,总是日日夜夜窜奔。渐渐地,我们的好生活跑了,幸福也跟着丢了,有的人,甚至连一个健康的好身体也没了……我想问一句:值吗?

因为一根绳子,风筝失去了天空;因为一根绳子,水牛失去了草原;因为一根绳子,骏马失去了驰骋。你看,曾经与鹰同一基因的鸡,现在怎样在鸡窝边打转?你看,曾经遨游江海的鱼,现在怎么上了钓钩而摆上人家的餐桌?你看,曾经蹦蹦跳跳的少年,现在是怎样的满脸愁云?

大象在木桩旁团团转，水牛在树底下转团团；我们在一件事里团团转，我们在一种情绪里转团团。为什么都挣不脱？为什么都拔不出？都是因为绳未断啊！名是绳，利是绳，欲是绳，尘世的诱惑与牵挂都是绳。人生三千烦恼丝，你斩断了多少根？

最近，小吴一直觉得自己的工作很累。她已经参加工作三年了，每天早出晚归，很卖力地工作，也取得了不错的成绩。可是她最近却发现自己很迷茫，业绩不再有提高，和同事之间的关系也变得不那么顺心，一些以前明明能做好的事情现在却有些力不从心，精力完全集中不起来。浮躁和厌倦的情绪包围着她，使她想要逃离，逃得越远越好，逃到新的环境和生活状态中去。

同事小王建议她给忙碌的工作按下"暂停键"，出去走走，给心灵做个瑜伽，也许能缓解这种疲惫、烦躁的心理，也可借机认真审视自己走过的路，为接下来的生活调整方向。

于是，小吴带了点简单行李，在郊区租了间农家院，与世隔绝般每天一个人吃饭、散步、睡觉，和小狗对话，和自己聊天。十天之后，小吴精神饱满地回到了单位。从那之后，她明白了工作并不是唯一，要想真正享受生活，就必须懂得适时按下"暂停键"，去看看周围的风景，感受一下周围的气息，如此一来，才不会辜负生命，辜负自己！

——摘自《当下的力量》

每天穿梭在熙熙攘攘的人群中，来往于喧嚣繁杂的尘世间，强打着精神去应付那无穷无尽的工作琐事、情感烦恼，我们的心渐渐变得麻木了。心灵的草场因此变得一片荒芜，我们若还没有时间，没有精力去修剪，那么渐渐地，它就逐渐变得凄凉一片。

拥有宁静的心灵世界是美好生活必不可少的要素，我们每个人内心深处都需要一处避风港湾。当我们在人生路上感觉疲惫的时候，不妨暂时把生活的琐碎和工作的压力抛在脑后，去欣赏一下周围的风景，让自己的心灵暂时安歇下来。如果我们整日忙得团团转，没有时间顾及自己的心灵，我们又同那头水牛有什么区别呢？而关心自己的心灵，不正是我们人生旅程中最终极的意义所在吗？

放眼世界，平原大坝有富饶的美丽，江河山川有神奇的壮观；白天有城市的热闹；夜晚有寂静的空旷；春天有鲜花的盛开，秋天有果实的累累……可是十分遗憾的是，人们宁愿花很多的钱去外地旅游，却往往忽略了身边的这些美景。

王刚去外省办事，火车里拥挤不堪，他没有买到坐票，只好站在车厢里。他心想：一天的路程，中途一定有人下车，自己一定可以占个座位的。王刚平时就总坐着，不习惯这样长时间站着，于是，王刚问邻座的男子："大哥，你在哪儿下车？"男子说："下一站。"王刚很高兴，打起精神准备着占这个座位。

30分钟后，火车到站了。很多人上车下车，秩序变得混乱起来。那位男子站起来，王刚正要坐在刚空出的座位上，一位壮汉却以很快的速度抢坐在了上边。王刚心里很郁闷，怪自己行动不够敏捷，只好还是在那里站着。

一会儿，王刚听见站在身边的一位老者发出一声叹息。王刚看了他一眼，发现那位老者凝视着窗外，嘴角里露出丝丝笑意。王刚顺着他的眼光看去，那是一条河，河面上波光粼粼，河上依稀可见点点小帆。"窗外的景色多美啊！"老者说。王刚随口说道："是呀！"老者接着说："那田地，那河流，那山脉，真的是美不胜收啊！"王刚吃吃地笑了。老者不解地瞅着他问："怎么，难道我说的不对吗？"王刚连忙说："是的，是的。"老者似乎明白了什么："你是笑我迂腐吧。"

过了一会儿，老者拍着王刚的肩膀说："小伙子，大家都在那里忙着抢座位，却都忘了留心窗外的风景，真的是太遗憾了！这条路，就非得坐着过去吗？就不能一路站着欣赏着过去吗？"王刚听了，心里多多少少受到点触动。老者接着说："我年轻的时候，为了一些眼前的东西，错过了很多好机会；现在，我不再关注这些，只想多看看远处的风景。"王刚被老人的话震动了，跟着他一起欣赏起路边的风景……

——摘自《路边的风景》

随着我们年龄一天天的增长，生活也开始渐渐变得忙碌，我们已经没有闲暇的时光去欣赏生命中那些美好的事物了。我们现在所关心的是自己挣了多少钱，有了多少权。我们只是忙着赶赴目的地，但等到我们真的到达目的地的时候，会不会才发现：原来自己错过了太多人生的美景呢？

其实，人生的旅途就像是坐火车一样，从起点到终点的途中，有的人埋头看书，有的人玩扑克牌，有的人聊天，有的人睡觉，有的人欣赏沿途的风景……到了终点站，每个人的收获却不同，有的人说太闷了，有的人说太辛苦了，有的人说路上的风景很美……很明显，收获最多，心情最愉快的还是沿路看风景的那些人。人生苦短，我们为什么要一生忙于名利，而错过人生旅途中的美景呢？

所以，我们根本没有必要让自己活得那么累，学会留一点儿时间给自己吧！用这些时间去欣赏一下四周的风景，心情会豁然开朗许多。要知道，人生路上所有的东西，不会因为我们的担忧而失去，也不因为我们的期待而成真，关键要看我们如何去欣赏。尽管这样的生活很平凡，但是只要我们能够用美丽的心情去欣赏，那么眼前就会是一片灿烂的风景！

你能做的，只有把握当下的时光

张爱玲说："人生是一袭华美的袍子，上面爬满了虱子。"是的，生活不是童话。它是琐琐碎碎、拖泥带水的，同时，它又是平淡无奇的。大概从我们出生的那天起，我们便开始忙碌，学走路、学说话、学知识，挣钱养家……短短的几十年就在我们没有方向、平平淡淡地忙碌中度过了。

然而同样是几十年的生命，有的人便名留青史，有的人则默默无名，为什么呢？那些被我们敬仰的名人总能在有限的生命中做有价值的事情，他们不会让时间在苦恼、埋怨中蹉跎，因此他们活得精彩，他们有不一样的人生；而大部分平庸者却忽略了时间的价值，失败、苦难、困境让他们害怕，让他们停滞，结果当老去的时候发现生命一片空白，但是为时已晚。

有个小和尚，每天负责清扫寺院里的落叶。

清晨起床扫落叶实在是一件苦差事，尤其在秋冬之际，每一次起风时，树叶总随风飞舞。每天都需要花费许多时间才能清扫完树叶，这让小和尚头痛不已。他一直想要找个好办法让自己轻松些。

后来有个和尚跟他说："你在明天打扫之前先用力摇树，把落叶统统摇下来，后天就可以不用扫落叶了。"小和尚觉得这是个好办法，于是隔天他起了个大早，使劲地猛摇树，这样他就可以把今天跟明天的落叶一次扫干净了。一整天小和尚都非常开心。

第二天，当小和尚到院子里一看，不禁傻眼了，院子里如往日一样满地落叶。

老和尚走了过来，对小和尚说："傻孩子，无论你今天怎么用力，明天的落叶还是会飘下来。"小和尚终于明白了，世上有很多事是无法提前的，唯有认真地活在当下，才是最明智的人生态度。

——摘自《活在当下》

库里希坡斯曾说："过去与未来并不是'存在'的东西，而是'存在过'和'可能存在'的东西。唯一'存在'的是现在。"所以，我们应该好好利用生命的每一天，让自己的生活变得精彩。过去的时间我们已经无法挽留，我们只能好好珍惜现在和我们未来的每一天。每一个人的先天条件是不一样的，不要刻意去模仿别人。寻找自己的价值，活出自己的风采。

人生在世，每一个年龄段都有每一个年龄段的精彩：10岁的单纯，20岁的活力，30岁的奋斗，40岁的稳重，50岁的知天命，60岁的人生感悟，等等。我们没必要站在20岁去羡慕他人的40岁，更没有必要站在40岁去慨叹青春已逝。何必去羡慕别人呢？我们能做的，就是把握当下，活出当下的精彩，唯其如此，人生才会没有遗憾。

那么怎样才能活在当下呢？这个问题有人曾问过一个禅师，禅师的回答是：吃饭就是吃饭，睡觉就是睡觉，这就叫活在当下。

不知道，现在的我们有没有这样问过自己：什么事情对自己是最重要的？什么人对自己是最重要的？什么时间对自己是最重要的？有人可能会说，最重要的事情是升官、发财、买房、购车；最重要的人是父母、爱人、孩子；最重要的时间是高考、毕业答辩、婚礼。其实，这些都不重要，最重要的事情就是现在你正做的事情；最重要的人就是现在和你在一起的人；最重要的时间就是现在，这种观点就叫活在当下。

一天，有一个人出去游玩，在山中的丛林里他遇见了一只老虎，他被老虎追赶着，他拼命地跑，拼命地跑，结果却被老虎逼到了绝境，他站在悬崖边上不知如何是好，忽然他一不小心，一脚踏空了，掉下了悬崖。

他大声喊叫着，在那一瞬间，他眼疾手快地抓住了悬崖上的一根藤条，整个人悬挂在了半空中。他抬头向上看，老虎在上边盯着他；他低头往下看，万丈深渊在等着他；他往中间看，突然发现藤条旁有一个熟透了的草莓。现在这个人有上去、下去、悬挂在空中吃草莓三种选择，你猜最后他怎么选择？他选择吃了草莓。

——摘自《享受生命的过程》

这是一个禅学故事，吃草莓这种心态就是活在当下。你现在能把握的只有那颗草莓，就要把它吃了。现在连接着过去和未来，如果你不重视现在，你就会失去未来，还连接不上过去，你能够把握的只有现在。如果一味地为过去的事情后悔，你就会消沉；如果一味地为未来的事情担心，你就会焦躁不安。因此，你应该把握现在，认真做好当下的事，不要让过去的不愉快和将来的忧虑像强盗一样抢走你现在的愉快。

活在当下，是让大家当下快乐，现在快乐。如果现在你不开心，就不是活在当下。当然，活在当下不等于今朝有酒今朝醉，而是今朝有酒不喝醉，不使明朝有忧愁，以未来为导向活在过程当中。活在当下，就要学会发现每一件发生在你身上的好事情，要相信自己的生命正以最好的方式展开。如果你不会活在当下，就会失去当下。

人生短暂，瞬间即过。太多的东西不在我们掌握之中，过去已成过去，未来也不一定是我们所想象，只有当下——现在的这一秒钟才是实实在在地掌握在我们手中。所以，我们应该珍惜光阴，把握当下。

若是为了过去和未知的将来而放弃了现在，那便是舍本逐末，而舍本逐末，它会让我们迷失自己，找不到生活的方向。生命只有一次，时间才是我们最大的财富，而我们拥有的时间只有当下，拥有了现在，我们也就拥有了过去和未来。

希望我们能珍惜当下的每一分每一秒，把生命的烛光点亮，去照亮自己、照亮他人，做一些帮助或服务他人的有意义的工作。让我们相互鼓励、一起努力，切实把握当下！那么，当我们临近生命的终点时，回首才不会有遗憾。

怀揣童心，让我们活得像小孩

其实，在我们每个人的心中，都会有一片美好却又短暂的记忆，这份记忆，其实就是我们美好的童年。都说童年是最纯净、最天真的，那个时候的我们无忧无虑，看着什么都是美好的。所以，童年是任何东西都无法替代的。它就像幽静夜空中的星星，一闪一闪，仿佛是永不熄灭的灯，不管我们成长为什么模样，内心中依然会存有一份童真。不要不承认，只是我们未曾注意过罢了。因为平时各种"枷锁"，各种"角色意识"总是会让我们紧绷着脸，故作正经，让我们不能随心所欲。不过，那没什么，只要能一直怀揣一颗童心，即便生活再怎样繁琐，我们都能够耐心审视，化繁为简。这是童心的力量，它不仅可以为我们带来欢乐，也给了我们一份永不服输的精神依托。

说了这么多，你明白什么是童心了吗？所谓"童心"是指年岁虽大但仍有天真之心。形容成年人还有着孩子的天真，特指那些有着小孩特质心态、心境、个性、趣味的一类人，他们与生俱来的童心情结，始终保持着对钢铁森林的抗拒感，就算是外表不可避免的变得成熟，也要在内心保留小孩儿的一角。面对巨大的工作压力和生活压力，如果我们能够拥有儿童般阳光的心灵，如果我们能够怀揣一颗童心，就可以获得一种年轻、积极、乐观的心态。这样，不仅可以使自己更加富有活力，而且还可以让自己更好地投入到工作、生活中去。

张强根本没想过，自己会在"六一"儿童节的前一天收到一个老同学发来的短信："明天是你的节日，提前祝你节日快乐！请速到幼儿园领取棒棒糖一块、擦鼻涕手绢一块、开裆裤一条、尿不湿一个，特此通知！"

看完这条短信，张强不禁笑了出来，他立马给对方回复："你都这么大了，怎么还有一颗童心呐？还想过儿童节哦？哈哈……"

一个星期之后，张强抱着家里的猫去打防疫针。四岁的侄女听说猫要去打针，很焦灼地问他："叔叔，猫打针的时候，会不会很疼？它会不会哭啊？"听了小侄女的话，张强觉得这个问题既好笑又感动。小孩的内心世界是多么纯洁善良啊！

在他们家附近的公园里，有一个浅水湖，张强经常会和侄女来这里玩。湖里长满了睡莲，一群群的小蝌蚪快乐地游来游去。每到星期天，这里就会聚集很多小孩，这些孩子在父母的照看下，都会趴在湖边捞蝌蚪。每当看到这个情景，张强都会情不自禁地想起小时候的自己。那时候，自己也曾拿着一个空瓶子，和小伙伴徒手在田边的浅水沟里捉蝌蚪，那是多么令人难忘的时光啊！

——摘自《永远保持一颗童心》

童心往往是纯洁善良的、天真好奇的，这些让人疼爱、令人忍俊不禁的特点，长大了之后却在不知不觉中就变得世故沧桑、麻木不仁了，所以小孩儿总是惹人怜爱的。成人的"江湖恩怨"，起源于彼此间的恨，起源于互相之间的利益纷争。我们如果能够像小朋友那样，以纯洁善良的心对待周围的人和事，这种不良的情绪便会自行逃匿。

面对周围的一切，小孩子总是充满了好奇，总是表现得兴致勃勃、跃跃欲试。其实，正是这种好奇才让他们对生活充满了热忱，才激发起了他们的想象力，总想解开一个又一个的谜。

我们这些整天钻在名利圈里出不来的成年人，除了追名逐利，对生活还能有多少热忱呢？如果我问你：你还有一颗童心吗？你拥有一颗纯洁、善良、好奇的童心吗？面对这些问题，不知道你会如何回答。

在如今竞争激烈的社会，人与人相处的时候都会比较复杂。当你用这种复杂的心态，面对工作的时候，就会减少工作的激情。你只是机械地应对，因此特别容易出现疲惫、厌倦的状态，根本就体验不到工作中的快乐。但如果你一直保持一颗童心，那么或许你就会快乐很多。

王宇毕业后进了一家公司工作，由于做的是房产销售，每天都会很累，主管还天天训话要看业绩。和他同来的几个小姑娘每一个都急得不行，有时加班到深夜，也没有出业绩，几个月后，她们实在顶不住压力就辞职了。而王宇呢，他从来没有加过班，但是他的业绩却是相当的好，每天也过得很快乐，周围人好奇，就问他："其他人一套房子都卖不出去，都顶不住压力走了，你业绩这么高，天天乐呵呵的，肯定是有什么诀窍吧？"

王宇笑笑说："哪有什么诀窍啊！一开始，我比那些小姑娘还急呢，两个礼拜什么成绩都没有。轮到放假了，我心情不好就去了海边，看见几个孩子在用泥沙堆砌城堡，我就过去了，看着他们想起自己小时候了，也不知怎么心就静了。后来，那几个小孩一直堆了很久也没堆出个样子，我比他们还急，就说'把泥沙都堆在一起，再弄不就快了吗？'一个小孩却对我说：'不行，那就不是城堡了，要慢慢来，我要把它做成一个漂亮的城堡，才有人喜欢它。'这个时候，我忽然明白了，可能是我太着急了。着急出业绩，销售的心理太强，所以完全忽略客户想买一个好房子的心理了。后来我就把脚步慢下来了，带客户看房子也不一个劲儿说那些专业术语了。有时候看一圈房子，就唠唠家常，慢慢地，就有客户跟我买房子了。有些时候，咱们还真得跟小孩子学习啊！成人的世界总是太仓促了……"

——摘自《永远保持一颗童心》

在成年人的心目中，一直以来都有这样一种偏见：以为拥有童心会使人变得幼稚，会对个人的事业和生活的发展产生不利的影响。其实，越是伟大的人，就越有一颗童心。孟子说："大人者，不失赤子之心也。"拥有童心不但不会阻碍你的心智发展，反而还会使你心境明澈，能够让你更加清晰、准确地看待这个世界。

随着岁月的磨砺、时间的雕刻，我们变得日趋成熟。为了适应文明的社会环境，我们学会了克制自我，学会了控制欲望。如果我们能够适度地给童心留出一席之地，像孩子一样由着自己的性子干点儿自己喜欢的事情，像孩子一样率直、坦诚地与人相处，像孩子一样理直气壮地进行休闲放松，这样的我们一定是健康的、阳光的、快乐的。

拥有阳光般的童心，不仅可以抵御生命的衰老，还可以帮我们保持旺盛的精神状态。生命短暂，时间宝贵，它们都不会随人的意志而倒流。人总要走过童年，但不可失去童心。世间万物、斗转星移，不可能事事都是那么顺心如意的。只有童心能让你的生命变得多姿多彩，只有童心会使你的肩膀不再如此沉重，只有童心才能叫你的生活不再负累重重，也只有童心才能让你拥有最开心的笑容。保持住一颗童心，你将会惊喜地发现：你的内心便保留着一些童真，拥有了一份童趣，心灵由此充满了快乐，生活正向你展开一幅精彩的画卷。

拥有童心不易，保住童心更难。在这个纷繁复杂的世界中，请始终保持一颗纯真的童心吧！这样一来，即使青春不再、朱颜已改、步履蹒跚，我们同样可以活得简单，活得自然，活得舒畅，活得开心。

享受生活，享受快乐

不知道我们有没有想过：我们活着的意义到底是什么？仅仅只是为了梦想而去奋斗吗？当然不是，我们除了为梦想而奋斗，更大的意义在于享受每一天的生活，如此一来，才不会辜负我们自己的人生。

对于"享受"二字，不同的人有着不同的定义。比如说：有的人追求越来越多的财富，有的人追求名誉，有的人追求美食，有的人追求感官的娱乐……这些都是享受，但是我们要记住一点：享受人生并不是及时行乐，也不是某一时刻的快乐最大化，而是一辈子"快乐总量"的最大化。享受，对我们而言是一种特殊的生活体验，但是在如今越来越喧嚣的现实世界里，真正享受生活的人却已经不多了。

下面，我们来看这样一个故事。

2007年一个寒冷的上午，在华盛顿特区的一个地铁站里，一位男子用小提琴演奏了6首巴赫的作品，共演奏了45分钟左右。他前面的地上，放着一顶口子朝上的帽子，显然，这是一位街头卖艺人。

没有人知道，这位卖艺的小提琴手是约夏·贝尔，是世界上最伟大的音乐家之一，他演奏的是一首世上最复杂的曲子，用的是一把价值350万美元的小提琴。

在约夏·贝尔演奏的45分钟里，大约有2000人从这个地铁站走过。

大约3分钟后，一位显然是有音乐修养的中年男子，他知道演奏者是一位音乐家，于是放慢了脚步，停了几秒钟听了一下，然后匆匆地继续赶路了。

大约4分钟后，约夏·贝尔收到了他的第一块美元。一位女士把这块钱丢到帽子里，她没有停留，继续往前走。

在第6分钟，一位小伙子倚靠在墙上倾听他演奏，然后看看手表，就又开始往前走。

大约第10分钟时，一位3岁的小男孩停了下来，看了一眼小提琴手，但他妈妈使劲地推他，小男孩只好继续往前走，但不停地回头看。

大约第45分钟时，有6个人停下来听了一会儿。大约有20人给了钱就继续以平常的步伐离开。约夏·贝尔总共收到了32美元。

要知道，两天前，约夏·贝尔在波士顿一家剧院演出，所有门票售罄，而要坐在剧院里聆听他演奏同样的乐曲，平均得花200美元。

其实，约夏·贝尔在地铁里的演奏，是《华盛顿邮报》主办的关于"感知、品味和人的优先选择"的社会实验的一部分。

实验结束后，《华盛顿邮报》提出了几个问题：第一，在一个普通的环境下，在一个不适当的时间内，我们能够感知到美吗？第二，如果能够感知到的话，我们会停下来欣赏吗？第三，我们会在意想不到的情况下认可天才吗？

最后，实验者得出的结论是：当世界上最好的音乐家，用世上最美的乐器来演奏世上最优秀的音乐时，如果我们连停留一会儿倾听都做不到的话，那么，在我们匆匆而过的人生中，我们又错过了多少宝贵的东西呢？

——摘自《华盛顿邮报》

其实，生活中有很多东西值得我们去享受，偏偏我们却不去在意，非要跟大家一样往热闹的地方挤，好像这样就是享受了。其实，享受是一种心情，只要我们愿意用享受的心情去看待周围的事物，我们都可以感受到一种与众不同的滋味，这便是享受的魔力。可是生活中，总是有人整日闷闷不乐，其实，并不是他的生活里真的有那么多令人烦恼的事。一个人的生活是否开心快乐，关键在于自己是否用心去体会生活中快乐的成分，是否把视点集中在生活中精彩的地方。

如果你多关注生活中开心的事情，淡化悲伤的事情，那么你会过得很开心，你会发现每天都很有意义；如果你总是关注不开心的事情，而忽视开心的事情，那么你的心就会布满阴云，久久挥之不去。

要想享受生活乐趣，就别让自己不开心。想想好的事情吧，你看，我们其实都很富有：我们拥有四肢、五官和身体，健康和生命；我们拥有阳光、空气和水，以及大自然；拥有知识和智慧，思想和观念，爱情、家庭和事业。难道这些还不够我们快乐的生活吗？拥有这些，就足够我们好好享受惬意的生活了。

其实，我们完全有理由变得更快乐。其实造成不快乐的原因往往不在于别人而在于你自己，因为快乐是自己的一种感觉，并不由别人来控制和决定的。

一位女士去看心理医生，因为她整日茶饭不思，夜夜失眠，身体消瘦得厉害。但是，各种检查显示她的身体一切正常，没有患任何疾病的迹象。心理医生问她是不是心中觉得特别痛苦？这位女士像遇到知音一样，开始向心理医生诉说自己的种种苦恼。比如对门的邻居见面没主动和她打招呼；楼上的住户每天晚上总是会制造出一些响动；自己居住的小区治安不太好；一个本来关系不错的同事居然在背后说自己的坏话；老板总是说要给自己加薪，可总是没动静……如此种种，她认为生活真没劲，到处都不顺心。

等她说完，心理医生问她："丈夫对你感情如何？"女士脸上有了笑容，说："哦，他非常疼爱我，我们结婚6年了，从来没有吵过架。"心理医生微笑着点点头，又问："那你有孩子吗？"女士的眼里闪出光彩说："我有一个儿子，4岁了，聪明活泼。"然后，心理医生又问了她许多问题。

最后，心理医生把写满字的两张纸放到少妇面前。一张写着她的苦恼事，一张写着她的快乐事。心理医生对她说："这两张纸就是治病的药方，你把苦恼事看得太重了，忽视了身边的快乐。只有懂得发现生活的美，享受生活的美，你的病才能好起来啊！"

——摘自《积极心态小故事》

　　心理医生的话表明："生活中从来不缺少美，而是缺乏发现美的眼睛。"同样，生活中不缺少快乐，而是缺少发现快乐的眼睛。你想发现生活中的美和快乐吗？那么就用心去感受生活、享受生活吧！唯有这样，你才会发现原来周围的一切都是如此美好，自己是如此幸福。

　　人生在世，我们应该学会好好地享受生活：享受清凉和炎热，温暖和寒冷；享受四季、时间和空间；享受休闲、平和与宁静；享受青春和活力；享受缘起时的相爱与欢聚；享受周围的一切……只要我们有一颗快乐的心，生活就会变得幸福、美好！

每时每刻都要有个好心情

随着我们年龄的不断增长，我们就会发现：原来有个健康的好身体，有个愉悦的好心情是最重要的。因为，在我们的人生道路上，唯有身体属于自己，唯有心情属于自己。在我们心情愉悦的时候，看到所有的图景都是美丽的，吃的所有的东西都是香的，哪怕不小心受了一点伤，也会觉得没那么糟糕。总而言之，在我们心情好的时候，周围所有的一切都是美好的。

所以，有个好心情真的很重要。当我们感觉疲惫的时候，给自己一个好心情吧，试着忘掉所有的荣辱、忘掉所有的悲伤，你就会感觉一切是那样的轻松、一切是那样的坦然。不过，想要保持一个好心情并不容易，因为这需要我们学会管理好自己的情绪。为什么要管理自己的情绪呢？因为情绪的好坏直接影响我们心情的好坏，这一点，每个人都深有体会。

如果有人问你："你能控制住自己的情绪吗？"你可能会说："我控制不了：遇到开心的事，我就高兴；而遇到倒霉的事，我就伤心。"这种回答很具普遍性，因为它反应的也是人的本能。很多事情的发生在某种程度上都会影响到我们的心情，也就是说，我们的心情有时完全被外界环境所控制。当老板辞退了你，当恋人抛弃了你，当你多次的努力仍换不到一个好结果时，你也许会因此变得郁郁寡欢，认为自己是个倒霉的人，总是碰到倒霉的事。

实际上，你只是从事情发生的角度去思考，而没有全面地考虑这些事情的发生究竟给你带来了什么。

有一个年轻人因为失恋，一时承受不了事实的打击，从而情绪低落，已经影响到了他的正常生活。他不能专心工作，无法集中精力，浮现在头脑中的都是前女友的薄情寡义。他认为自己在感情上付出了，却没有得到任何回报，自己很傻、很不幸。因此，他找到了心理医生。

心理医生对他说，其实他的处境并没有多糟，只是他把自己想象得太糟糕了。在给他做了放松训练，缓解了他紧张的情绪之后，心理医生给他举了个例子。"如果有一天，你在公园的长凳上休息，还把你最心爱的一本书放在上面，这时候有一个人径直走过来，坐在椅子上，把你的书压坏了。当时，你会怎么想？""我一定很生气，他怎么会这样故意损坏别人的东西呢？太没有礼貌了！"年轻人说。"那如果我告诉你，他是个盲人，你又会怎么想呢？"心理医生接着耐心地询问。

"哦——原来是个盲人。他一定不知道长凳上还有东西！"年轻人摸摸头，想了一会儿，接着说，"谢天谢地，幸好只是放了一本书，要是油漆或是什么尖锐的东西，他就惨了！"

"那你还会对他愤怒吗？"心理医生问。"当然不会，他不是故意压坏的嘛，盲人也很不容易的。我甚至有些同情他了。"青年人回答说。这时，心理医生开怀一笑："同样的一件事情——有人压坏了你的书，但是你前后的情绪反应却完全相反。你知道原因吗？""可能是因为我对事情的看法不同吧！"青年人说。

——摘自《换个想法，就能换个心情》

对同一事情不同的看法，能引起我们自身不同的情绪反应。很显然，使我们为之难过和痛苦的，不是事件本身，而是对事情的错误的解释和评价。这就是心理学上的情绪ABC理论的观点。

情绪ABC理论的创始人埃利斯认为：正是因为我们常有的一些不合理的

信念，才让我们的情绪产生困扰，假如这些不合理的信念日积月累，最后也许会引起情绪障碍。

在情绪ABC理论体系里，A代表诱发事件；B表示个体对此诱发事件产生的一些信念，即对这个诱发事件的看法和解释；C表示个体产生的情绪和行为结果。一般情况下，人们会认为诱发事件A直接导致了人的情绪和行为结果C，发生了什么事就引起了什么样的情绪反应。然而，同一件事，人们的看法不同，情绪体验也不同了。

例如，同样是失恋这件事，有的人放得下，认为未必不是一件好事；而有的人却伤心欲绝，认为自己今生都不可能会有爱了。再例如，找工作面试失败了，有的人可能会认为，这次面试只是试试，不过也无所谓，可以下次再来；有的人则可能会想，我认真准备了那么久，居然会没过，是不是我太笨了，我还有什么用呢？……这两类人因为对事情的评价不同，他们的情绪体验也不同。

对上面那个失恋的年轻人来讲，失恋只是一个诱发事件A，结果C是他情绪低落，生活受到影响，无法专心工作。而引发这个结果的，正是他的认知B——他认为自己付出了就必须要得到对方的回报，否则，就认为自己太傻了，太不幸了。如果他换个思路——她这样不懂爱的女孩不值得自己去珍惜，她现在的离开可能避免了以后她对自己造成更大的伤害，那么他的情绪体验显然就不会像现在这么糟糕。

我认识一个名叫小丽的女孩，她大学的专业是中文，毕业后，进入了一家广告公司，拥有优越的工作环境和丰厚的年薪。按说，小丽会过得很好，不会有跳槽的念头。

可是有一次，小丽为老总拟一个活动的演讲稿，但无论怎样都不能让老总满意。小丽硬着头皮改了七八次，可每次都被老总批得体无完肤，还说她完全不是搞文字的料。小丽觉得很委屈，不停地哭，想要跳槽。

她认为，老总是故意为难她，自己怎么遇到如此挑剔的老板呢？真是命苦啊！好几天，小丽都陷入这种痛苦的情绪中不能自拔。当然，老总的发言稿也没让她继续写，而是让比她早一年到公司，和她同一母校的师姐代劳了。

对此，小丽非常郁闷。一方面觉得老板对她有成见，另一方面又认为师姐取代她的工作，伤了她的自尊。

我对她说，工作上的难题，谁都遇到过。遇到了困难没人会高兴，关键在于你自己怎么看待这个困难。没有一个老板会无缘无故地处处为难自己的员工，他大不了可以开除你。这对你可能是一个锻炼的好机会，我们生活中的很多本领都是在特定的情况下被逼而学会的。你不妨这样想想，并虚心向你的师姐好好学习。她听从了我的建议。

几天后，师姐和她一起写完了演讲稿，老板非常满意，并拍着她的肩膀说："小丽，你还是有潜力的，工作的时候要善于把它们发挥出来呀！"听了老板的这番肯定，她顿时又感觉老板是个和蔼的老头了。这个女孩的认知改变了，因此情绪也改变了，结果也就改变了。

——摘自《人生智慧小语》

所以，当你心情不好的时候，不妨问问自己，为什么会不开心，是不是自己把有些事情想得太严重了，或是领会错了意思。换个思维方式，就等于换个心情。

别让坏情绪"传染"了你

说到情绪,其实它就像影子一般,每天都和我们相随。我们在日常的工作、学习和生活中时时刻刻都体验到它的存在,给我们的心理和生理上带来的影响。对于情绪,我们可以用很多词语来描绘,愉快的和不愉快的,高兴的和不高兴的,满意的和不满意的,温和的和强烈的,短暂的和持久的等等。

人的情绪是一种巨大的、神奇的能量,它既可以是激发人的无穷动力,又可以把人推向万劫不复的深渊。所以我们要学会掌控好自己的情绪,千万不要让周围的事影响到我们自身的情绪。如果真的影响到了,也要学会自我调节,切不可让自己乱发脾气,否则,我们就会处于一种失控的状态,弄不好会做出让我们自己都意想不到的事情,到时候不仅害了别人,也害了自己。因此,我们应该尽量避免坏情绪的干扰。

清早,唐华刚刚进入工作状态,就听到坐在对面的陆强气呼呼地说:"迟到两分钟就要扣钱,真不是人过的日子。扣吧,真没劲,早想跳槽了。"

陆强的抱怨把唐华从工作状态中拽了出来,抬头看看表,9点过5分,看来陆强又迟到了。陆强是一个喜欢将个人情绪当众展示的人,非常喜欢抱怨,所以办公室里经常会听到他的牢骚声,言语里总是充满了挑剔,唐华感到自己时常会被他的情绪所干扰。

刚进公司的时候，唐华虽然没有踌躇满志准备大干一场的劲头和激情，但对工作还是充满热情，他渴望通过自己的努力得到上司的赏识。因为陆强在公司已经4年多了，算是老员工，唐华有什么问题自己无法解决，就会虚心地向他请教，每次陆强都懒洋洋地说："这有什么意思？想那么多干吗？说实话，我来的时候和你一样，结果呢？还不是这样？"也许陆强的抱怨是无意的，但已大大削弱了唐华的冲劲与热情。

有时候，唐华也会与他争辩说，只要努力，就一定会有机会。他会不屑地说："算了吧，收起你的那点梦想吧，这个社会只有会混的人、有关系的人，才有未来。你没看咱们公司那个小赵，比我还晚来一年呢，人家现在是部门经理，听说他是老板的远房侄子。还有那个来了半年就被提升的小李，听说是老板朋友的儿子……"

听了陆强的话，唐华就会怀疑自己和老板没有任何"瓜葛"，努力会不会有用？有时候，刚刚说服自己要努力，不要受别人坏情绪的影响，陆强又会悄悄对他说："我最近看好了一家公司，人家在市中心办公，办公室装的那叫气派，听说公司有500多人，哪里像咱们这里办公室不像办公室，上上下下加起来还不到100人……"

唐华一直在陆强的抱怨声中坚持着自己最初的信念，直到后来慢慢动摇，他也渐渐觉得现在的工作没有前途，缺乏发展空间，那些自己订的短期计划、中远期计划，而今早已束之高阁。他想那有什么用呢？即便努力了，说不定将来也是和陆强一样的命运。

——摘自《钻出牛角尖》

唐华已经被陆强的负面情绪感染了，并严重影响到了自己的工作。美国夏威夷大学的心理系教授埃莱妮·哈特菲尔德和她的同事通过研究发现，包括喜怒哀乐在内的所有情绪都可以在极短的时间内从一个人"感染"给另一个人，这种感染速度之快甚至不到一眨眼的工夫，而当事人或许都察觉不到这种情绪的蔓延。

我们常有这样的体会：有一段时间，你的领导心情很好，你的同事们都会被感染，大家的默契程度也会提高，做起工作来也都得心应手；如果哪一天，领导情绪低落，那么大家都不敢说话，工作积极性也不高，工作效率也受到影响。当然，情绪的传染不仅在上下级之间这样明显，事实上，关系越密切，越熟悉的人之间，情绪的感染就会越明显。

莉莉是个很爱漂亮的女孩，她下班回家的路上会经过一家首饰店，店里的每个首饰都是她喜欢的，只是她现在的经济状况还不允许她购买。每次走到这里时，她都会停留一会儿，看有什么新品，还常常让营业员拿出一些项链、戒指之类的让她试戴，不过她从来没买过。

一次，莉莉刚进门，就看到营业员——一个她已经熟悉的女孩始终低着头，似乎情绪不太好。其实是她在工作时间发短信，遭到了经理严厉的批评，按规定，店员在工作时间内是不能使用手机的。

莉莉当然不知道这些状况，她对该女孩勾了下手指，使眼色让她过来，想让她拿刚到货的一款项链让自己试戴一下。这次，这个女孩缓慢地走过来，一边拿一边慢条斯理地问她："你买吗？"谁都听得出来，这话有轻视的意思。

这句话严重地触痛了莉莉的自尊心。她也一下子生气了，冲着女孩怒道："我买不买你都要给我拿出来。我是顾客，是你的上帝！"莉莉心情很不好地试戴完，随即很没礼貌地摔门而出。

一路上，莉莉的心里都在不停地骂："神气什么？""不就是个营业员吗？……'我买不起，难道你买得起吗？"一路上她没想别的，光顾着骂那个女孩了，以至于在进单元门的时候跟楼下的邻居撞了个满怀，从来不骂人的她竟然本能地吐出一句"神经病"。

电梯等了好长时间还不来，莉莉的心情糟透了。这时，有一位母亲推着一个1岁左右的小男孩走过来。小男孩长得非常可爱，是个"自来熟"，当推车停到莉莉身旁时，他一边双手乱舞，一边冲着莉莉使劲地笑。妈妈随即也弯下腰来，对小孩说："宝宝，叫阿姨……阿姨。"

小家伙今天看来心情很好，"阿……姨！"对莉莉叫完，仰着头，看着莉莉。莉莉不得不对他说："乖！"顺便摸了下孩子的小手，莉莉的手被这双小手抓得很紧。孩子拉着莉莉的手笑出声来。

这时，莉莉真心地被小孩逗笑了。满腔的不愉快突然消失得无影无踪。

——摘自《情绪的感染力——积极情绪》

在这个故事中，珠宝店的店员因为遭到领导的批评，就把这种坏情绪传染给了莉莉；带着这种坏情绪，莉莉眼中的世界顿时充满了敌意。每个人、每件事好像都在和她作对，直到看到小男孩灿烂的笑容，受到了感染才消除了莉莉的敌意，让她恢复了好心情。

在生活中，学会管理自己的情绪很重要。我们应该懂得自己掌握情绪，既不要让别人的坏情绪影响到自己，也不要让自己的坏情绪影响他人；同时，还要把自己快乐、积极的情绪传染给他人。因为每个人都希望自己快乐，所以当你的积极情绪传递给他人的时候，肯定会被他人所接受。快乐就是一种积极的情绪，是对工作认真，对生活热爱，对美好情感的相信。

积极情绪就是我们因外界的刺激、事件满足了自己的需要，而产生的伴有愉悦感受的情绪。心理专家们认为，保持积极的情绪，避免被坏情绪"传染"是非常重要的。

爱生活，就要懂得感受大自然的美

你热爱生活吗？如果是的话，就经常出去走走吧，多感受一些自然的气息，让自己徜徉在大自然中，或许对你今后的人生和生活都会有个新的感悟。也许，你会反问："大自然的力量有那么大吗？"我想回答的是："当然，如果你用心去享受过大自然的话，就会发现慢步于山水间，会让你忘记很多不愉快的事情，会让你心情变得愉悦起来，会让你提起精神用崭新的面貌面对接下来的生活。"因为，当人们面对高山大海的时候，面对自然如此宽阔大气的景象，所有的一切跟它们相比都那么微不足道。这个时候，积压在心中的那些郁闷纠结的事，瞬间便会豁然开朗，曾经放不下的东西也都能在一瞬间释怀。

其实，大家都一样，年轻的时候，我们都满脑子想着去世界各地旅游，看不一样的风景，感受不一样的文化气息和自然气息。但是随着年岁渐长，我们开始步入社会，整天变得忙忙碌碌，生活负担逐渐加重，疲于应付。这个时候，我们就会认为，自己根本没有空闲时间去享受一下游览大自然的乐趣。在这种情况下，烦恼仿佛一下子增多了，总是希望给自己一个假期，但苦于总是没有时间。

于是，生活开始变得越来越单调，我们总是在公司和家里来回穿梭，整日都是两点一线，毫无更改，毫无乐趣。我们在忙忙碌碌的生活中，开始麻木于光阴流转，而四季更替也开始变得乏味。偶尔想起童年往事，我们总是不免有些感叹：那时是那么天真无邪，无论多么小的事情，总是感到有足够的兴趣去面对，而快乐也变得简单起来。可是现在呢？唉……

苏青在大学的时候，最喜欢到各处去旅游，那时候有大把大把的空闲时间，可以供她去游玩，所以她经常在网上约下三五好友一同去旅行，途中，他们一起欣赏了很多风景，也一起谈天说地，玩得特别开心。那时候苏青心里有一个愿望，就是不管以后自己多么繁忙，都要抽时间出来去旅游，看不同的风景，亲近她所爱的大自然。

可是，毕业之后，苏青当起了会计，后来觉得不适合又去做了销售，做了销售之后，时间几乎就没有了，她早已经忘记自己当初的那个愿望，每天都在不停地工作、工作……整个人绷得就像一根弦，要是谁轻轻一碰，可能都会断掉。

有一次，苏青的好友来看她，觉得她比大学时苍老了许多，于是劝她："还不出去走走。以前在大学，你可是闲不住的，你呀，就是憋闷坏了。远的地方去不了，咱市里面的小公园你该去转转吧！"

一语惊醒梦中人。谁说享受大自然就一定要去旅游，一定要去远方呢？趁着放假，苏青真的去了市里面的那个小公园，看到花红柳绿的景象，湖里还有几只鸳鸯在戏水，她的心情顿时愉快多了。

——摘自《快乐其实就这么简单》

其实，我们的生活并不缺少自然美，因为大自然就在我们的身边啊。阳光、空气、大树、小草、花朵……这些都是大自然的产物，只要我们留心，就能够走进大自然，这是一件很简单的事情。尽管我们总是会被生活的纷繁所累，但若是拥有发现大自然美的眼睛，就一定能够感受到美好的事情。而大自然所带给人身心的改变，也就显而易见了。

大自然并非只是表象的美景。懂得欣赏大自然的人并非只看到景色简单优美的一面，而是体验到它丰富、深刻的一面。这种体验所带来的感悟令人愉悦，仿佛心灵被打开，杂念被清除，留下干净的心灵。

去年三月，她带着孩子去外婆家。当时正值烟花三月，进入乡村之后，田野里到处是绿油油的麦田和黄灿灿的油菜花。汽车开在乡间路上，仿佛置身在五颜六色的色彩里奔跑。远处的桃花和梨花给人心旷神怡的感觉，甚至能够看到蜜蜂穿梭其中。

孩子从来没有见过这样的景色，他惊喜地问道："妈妈，这是哪儿啊？好美啊！"她笑了，其实这只不过是个普通的小镇，是她生长的地方。

孩子看到一群牛，兴奋地问她："妈妈，那头大牛是小牛的妈妈还是爸爸？"她随口回答是牛妈妈。孩子又问："那牛爸爸去哪儿啦？"她也来了兴致，就说："牛爸爸当然很忙啦，它要去干活呀。"

孩子兴高采烈地说："喔，我知道了，爸爸都是很辛苦的。"孩子的话令她动容，她也开始用这种心态去看待周围的美景。忽然，发现这里的景色她似乎很熟悉，但又似乎很陌生了。

想了很久，才想起来这是儿时自己曾经玩耍过的地方，现在这里已经变得那么漂亮。她渐渐地意识到，因为匆匆忙忙的生活，她已经好几年没有回家了。回想起儿时玩耍的情景，以及那些要好的伙伴，有太多的感慨。

下车后，她带着孩子走在乡间的小路上，看着草木发芽、碧蓝的天空，忽然觉得一切烦恼都忘掉了。倾听着山涧泉水的声音，她感到心旷神怡。

——摘自《懂得感受美》

其实在我们生活中有很多美好的东西，而我们由于生活匆忙而总是忽略了它们。大自然是万物的根本，如果我们经常走近大自然，就会让自己浮躁的心得以清静，从而得以体悟到很多自己未曾明白的东西，甚至还会激发我们的灵感和创造力，让我们的事业突飞猛进，生活更加快乐美好。

但我们总是太晚才明白，细心地观察大自然是多么令人快乐的事情。当我们懂得欣赏大自然中的一幅幅美景时，我们就会从这美丽的景色中油然而生出依恋之情，并且还可以在大自然中忘掉世俗的烦恼，发现生活中的美好！爱生活，我们就要懂得感受它的美！

学会享受清幽闲雅的孤独

曾经在一本杂志上看到过这样一句话："能够忍受孤独的，是低段位选手；能够享受孤独的，才是高段位选手。"诚如所言，不同的人生态度，成就了不同的人生高度。一位著名的西方哲学家认为：凡是有所成就的人都需要练习出一种忍受单调生活的能力。即忍受孤独的能力，品味孤独的能力。因为安静的生活是许多伟大人物的特征，一切伟大的成就也是在远离狂热的娱乐，通过专注与历久不懈的艰难工作而取得的。

虽然经常有人把孤独等同于寂寞，其实它们的内涵是不同的。寂寞更倾向于表示没有其他人的陪伴，只要有他人来找，就可以把寂寞赶跑。孤独则不一样。有的人身处灯红酒绿的舞厅也是孤独的，因为孤独是内心深处的寂寥。

我们每个人都是从荆棘中走来，如今的我们已经变得很从容，可以抬头闲看天空云卷云舒，也可以低头欣赏庭前花开花落。在我们眼神中，再也没有以往的慌乱与不安，也没有对周围一切的漠然无视。我们也许，已经渐渐习惯了一个人的时光，在这片时光中，我们又渐渐学会了如何自处。

孤独对我们而言其实就像是一种装饰，我们可以安稳享受孤独带来的自由和遐思。若是说孤独是一种心的空白，那么孤独的我们会感觉十分凄苦，为了不陷入这种凄苦中，我们应该学着充实自己的生活，让心丰盈起来。我们不要把"孤独"定义为无趣、无聊，应该学着去享受它，把它当成自己最宝贵的时光，没有他人的打扰，我们才能独自享受。

有一只身材短小的蚂蚁，每天清晨，它就会从洞穴中爬出来，开始一天的劳作。蚂蚁的勤奋在动物界是家喻户晓的。相对于广袤的大地，它们活动的范围只是狭窄的一隅。

有一次，蚂蚁遇到了蜈蚣。蜈蚣看着匆忙的蚂蚁，对蚂蚁说："你总是不知疲倦地赶路，为什么不稍作停留，和伙伴们一起玩呢？"蚂蚁说："我要四处觅食，已经走过了很多大大小小的路。我的脚步快速轻盈，已经形成了惯性。"蜈蚣说："你自己不觉得孤独吗？每天面对的都只是自己。"蚂蚁说："我一边走一边欣赏沿途的风景，并不觉得孤独。我的视野是丰富的，我的身心是快乐的啊！"

蜈蚣听了若有所思，它被伙伴们抛弃了，正不知何去何从。蚂蚁轻快地绕开了蜈蚣，又开始赶路。

——摘自《小故事大智慧》

其实，如果我们能像这只四处觅食的蚂蚁，就会明白自己在人生中想要的到底是什么，就会让自己活得足够淡定，不会慌张和忙乱。在我们面对忙碌的生活时，懂得享受其中，因为淡定的我们，会懂得发掘生活中的美。

内心深处的孤独来源于自己无法与别人获得心灵上的沟通，就像是"千里马常有，而伯乐不常有"时，千里马内心的那种孤独、迷茫之感。聪明的人其实早已经看轻了孤独带来的那种特有的无奈与百无聊赖的苦闷。他们懂得适时清除心灵上的尘埃，把这些困扰打扫得干干净净，从而获得身心的愉快。

孤独对于他们就像一首小诗，而品味孤独，就像是在领略诗中一种惆怅、飘然的意境。

夕阳无限好,只是近黄昏。苏云走在下班回去的路上。一步一步,她走得很慢,因为不想坐公交车回到那个狭窄、空落落的房间。苏云是一个漂亮潇洒的女人,她崇尚自由,只身一个人离开了家乡,来到了这个遥远而陌生的城市。

苏云很喜欢这种悠闲散步的感觉,因为脸庞可以感受到轻轻吹过的微风,耳边可以听到和家乡一样的鸟儿的鸣叫。看着又大又圆、红彤彤的太阳,她想到了"大漠孤烟直,长河落日圆"的雄浑意境,又或者在猜想太阳是不是做错了事,所以才涨红了脸……她的脚步很轻盈。公路两边的花草长得特别茂盛,好像是画中的一样。她有如一位快乐的天使,远离了城市中的尘嚣和忙乱。

苏云的生活很简单,简单到别人都说她孤单,因为她并没有刻意去寻找属于自己的朋友,所以也从未参加什么聚会或派对。但她自己并不觉得孤独。她在空闲时间听自己喜欢的音乐,看一些经典的电影,有时候,她会写博客记录自己潮起潮落的心情。对于生活,她从容面对,既不会被日常的琐事所累,也不会因为生活的压力而焦躁不安。

苏云在追寻生活中的乐趣时,发现了身边的美丽。孤独对于她们来说,是一种难得的享受。在快节奏的都市生活里,她让自己的脚步慢下来,在自然风光中放松心情,获得心灵的宁静与自由。

——摘自《别样的美丽》

其实,人生在世,我们是避免不了孤独的,尤其是长大之后,我们会面临很多选择,生活和工作的变动,总是会让我们频繁地穿梭于某些城市之间。有句话说得好:越长大越孤单。既然如此,我们就要学着接纳孤单,享受孤独。

在自己独处的时刻,我们不要唉声叹气,不要觉得自己被这个世界抛弃了,与其有这个工夫,还不如把它利用起来,去做自己喜欢做的事情。

如果我们都能把孤独视为一种享受，就会发现，其实自己跟自己相处的时刻是那样的美好。

想象一下，夕阳下，我们带着耳机，听着歌曲去散步，周围一片花红柳绿，我们眼睛所到之处都是一片清新美好的景象，慢慢地，我们就会不由自主地沉浸其中，音乐随着我们的步调在耳边缓缓流淌着，那种感觉多么曼妙呀……

其实，如果我们学会品味孤独，就会发现孤独其实是一种动听的旋律，是一种曼妙的感受，它拨动着每个人的心绪。如果我们能在尘世间淡定的行走，就一定能充分享受那一丝丝清幽闲雅的孤独。